HUIS.の服づくり

HUIS.代表
松下昌樹

主婦と生活社

2014年10月、遠州織物を用いたアパレルブランドとして「HUIS-ハウス-」はスタートしました。

当時の主な販売場所といえば、ものづくりの作り手たちが集うクラフトフェアやイベント。さまざまな地域で行われていて、好きなイベントがたくさんあったんですよね。

金曜の夕方になると、あるだけの在庫とテントをレンタルしたハイエースに積み込む。妻のあゆみとともに、夜も明けないうちに出発し、会場に着いたら早朝からテントを立て、ひたすらお客さまに遠州織物のよさを伝える、そんな週末を過ごしていました。お客さまが少なかった日でも、少しでも買っていただくことができたからと、売り上げを手に、いつもふたりで飲みに行ったことが嬉しい記憶です。

今はイベントだけではなく、全国のさまざまな場所で買っていただける機会が広がってきましたが、僕たちがお客さまにお伝えしていることも、その当時の気持ちも、何一つ変わっていません。

大学生の頃から、あゆみと遊びに行くところといえば洋服屋さんでした。学生の頃に洋服をそんなに買えるお金はないから、とにかくお店を回っては顔なじみの販売員さんとお話をして、悩みに悩み、これだという一着を買う。今思えば迷惑なお客さんだったのかもしれませんが(笑)。

そんな大好きだった趣味を、自分たちの仕事にできるとは当時、思ってもみませんでした。

地元・浜松に帰り、約10年勤めた浜松市役所では、主に農林水産業など一次産業の振興に携わります。多くの素晴らしい生産者さんたちと出会い、浜松はこんなにも豊かな資源と技術がある街なのだと知りました。住んでいた子どもの頃には、気づくことができなかった発見ばかり。それを一心に伝えられる仕事でした。

その後、遠州織物という繊維産業のことを知りました。憧れていたアパレルの世界で、これほどまでに国際的に評価されている唯一無二の生地。静岡西部の遠州の人にとって、いえ、日本人にとって、誇りに思えるはずの生地のことを、地元出身の自分ですら知らなかったことに、言葉にできない歯痒さを感じました。

大好きだった趣味を、今の自分たちの仕事にすることができているのは、ひとえに創業当時から付き合っていただいている機屋さん、縫製事業者さん、取扱店さんやスタッフのみんな、そしてお客さまのおかげです。

間もなく迎える10年の節目に向けて、HUISの活動を一冊の書籍にすることになりました。

素材のことや、日本の繊維産地のことを知ると、〝おしゃれ〟はもっともっと楽しくなります。これまでもとても楽しかった〝おしゃれ〟の奥行きが、まだこんなにもあるのだと感じた瞬間が僕たちにもあって、その楽しみを、よりたくさんの方と共有できればいいなと思っています。遠州織物の底なしのすごさと楽しさが伝わる一冊をお届けしたいと思います。

(CONTENTS)

chapter

1

はじめまして、HUISです

ＨＵＩＳ（ハウス）は浜松市を中心とした静岡県西部で生産される「遠州織物」を使った〝産地発〟のアパレルブランド。遠州織物は地元の方にもほぼ知られていませんが、知れば知るほどすごい生地です。まずは、遠州織物へのリスペクトによって誕生したＨＵＩＳのお話をしたいと思います。

HUIS

遠州織物との出会い

僕は関西の大学を卒業後、地元である浜松の市役所に就職し、行政職員として10年ほど働いていました。そのうち約7年間、農林水産業の振興に関する業務を担当していました。さまざまな業務を通して生産者さんたちと関わり合い、浜松の一次産業の素晴らしさを伝える仕事をしてきました。

そんな中で「遠州織物」という生地を知ることになります。自分の生まれ育った浜松で、高級生地に特化したアパレルブランド向けの綿織物が伝統的に作られているというのです。もともと夫婦揃って大の服好きだった僕たちは、がぜん興味がわき、遠州織物工業協同組合の事務局長に個人的に会いにいくことにしたのです。そこで、繊維業において遠州がいかに特別な産地であるかを、はじめて知ることになります。とてつもなくすごい高級生地が、僕の地元で、ひっそりと作り続けられてきたということは、服好きの僕に大きな衝撃を与えました。

遠州と呼ばれる静岡県西部。地元の人にとって「遠州織物」はなじみのある言葉です。でも、ほとんどの人は、それがアパレルの世界において特別な生地であるというイメージは持っていません。僕自身も当初は、ほかにも同じような生地を作っている地域や国があると思っていました。例えば、浜松はみかんの産地ですが、ほかにも美味しいみかんを作っている産地があるように。でも、調べていくと、旧式の織機を使って、細番手の糸で高密度の生地を作る産地なんて、もう世界中を探してもどこにもないと理解するようになります。HUISの活動を通して遠州織物のことを知るたびに、遠州がいかに高い技術を持ち、国際的にも希少な生地が織られている産地であるのかを痛感しています。

同時に、繊維産地とはそれほどまでに一般的に知られていないものなんだ、と感じました。農産物であればどの産地でどんな特産物が生産されているか、消費者に広く知られています。畜産物や水産物も同様。その地域の文化を形作るものでもあり、そこに住む方々にとっての大切な誇りにもなっています。一方、BtoB（企業間取引）に特化して流通する中間財であるところの「遠州織物」はほとんど知られることがない。どんな生地なのか、本質的な価値を知っている人は実はほぼいません。

そういう中で、遠州に残る貴重な織機、職人さんたちのほかにはない高い技術、そして「遠州織物」の価値を、洋服というものづくりを通してお伝えしていくのが〝産地発ブランド〟としてのHUISの役割だと思っています。

はじめまして、
HUISです

希少なシャトル織機のこと

海外のメゾン系ブランドなどで多く使われている、いわゆる〝高級生地〟と呼ばれる遠州織物の特別さは、細番手の糸で高密度の生地を織ることができる技術にあります。特に遠州地方は、織機の中で最も古く希少な「シャトル織機」が数多く残る産地。HUISの服はこの「シャトル織機」で織られた生地を使っていることが特徴です。

シャトルを使ってよこ糸を運ぶこの織機は、最新式の機械と比べて極めて低速で、糸に負担をかけず空気を含むように織り上げることで、ふっくらと立体感のある風合いと、やわらかくしなやかな質感が生まれます。また、細番手の糸で高密度に織られた生地は、奥行きのある上質な光沢を持ちます。現代において、こうした生地を目にすることはほとんどありません。今はもう製造されていない「シャトル織機」によってこうした規格の生地を織る機織り工場は、世界でもごくわずかだからです。低速のシャトル織機での生地生産は、最新式の織機と比べ、規格によっては20〜30倍もの時間がかかるものもあります。つまり最新式の織機なら1日で織る生地を1か月近くかけて織っている、ということです。それだけ途方もない時間と手間をかけることで初めて生まれる生地なのです。

HUISの生地を織ってくれている機屋さんたちのすごさは、織機が近代化し、技術革新が進む時代の中で、旧式の織機を使い、さらには改良をし続けてきたことにあります。何倍も、何十倍も速く織ることのできる織機が開発され、最新式の設備に入れ替わっていく中で、遠州ではその効率化によって失われてしまう大切なものに重きを置いて、実直にこれまでどおりの製法で生地を作り続けてきま

した。高速で効率よく織ることが繊維業界における〝技術の革新〟とされてきましたが、時代と逆行するかのような道を突き進むことで、世界でも自分たちにしか織ることのできない、唯一無二の生地を作り続けてきたのです。

以前、お客さまからこんなお話を伺ったことがあります。「昔の服は生地がよくて、おじいさんおばあさんの着ていた服は何年もずっと着られる服だった。その頃の生地と、すごくよく似た風合いだ」と。HUISが用いているのは、まさにそういう生地です。たっぷりの糸を使い、ゆっくりと高密度に織り上げた最高に心地よい生地。そこに洗いをかけることで、一層風合いを増し、ずっと長く着続けられる服になる——。

そんな生地が、まだこの日本で織られています。担い手が高齢化し、技術が次々と途絶えてしまう時代の中で、次世代に残していかなければならない、大切な資産だと私たちは思っています。

はじめまして、
HUISです
③

夫婦でブランドを立ち上げる

妻のあゆみとは、学生時代を過ごした神戸で出会いました。大学は別でしたが、同じ軽音サークルで一緒にバンドを組んでいて、今でもふたりとも音楽好き。その頃からとにかく服が好きで、会えばよく洋服の話をしていました。中でも僕は白シャツが好きだったのですが、自分たちにしっくりくるものがなかなか見つからなくて。いつからか「自分が着たいと思えるシャツのブランドを作りたい」と考えるようになりました。

そんなふうに、学生の頃から「自分で事業を起こしたい」という気持ちはありましたが、就職先は地元の浜松市役所に。でも、起業への思いも残っていました。

遠州織物を知ったとき、地元にすごい産業があると聞き興味を持ったと同時に、「もしかすると、かつて思い描いていたブランドの立ち上げにつながるかもしれない」とも思いました。あゆみに話したら「おもしろそうだね」と背中を押してくれ、遠州織物工業協同組合の門を一緒にたたきました。

お堅いイメージのある織物組合ですが、そこで出会った松尾事務局長は、遠州織物に興味を抱いた人を誰でも受け入れてくれる、やさしく熱い想いを持った方でした。遠州織物のお話を伺った後、軽い気持ちでシャツのブランドの話をしたら、大変共感してくださって。組合の事務所には、地元の機屋さんが織った反物がたくさん置いてあり、「好きな生地の機屋さんを紹介するよ」と言ってくださいました。そこで出会ったのが、今でもずっとHUISの生地を織っていただいている「古橋織布」の生地です。本当にいい生地は理屈じゃなくて直感的にわかる。本能で肌が喜ぶんだと、そのとき感じました。

僕たちが仕事を通して一番楽しみを感じられるのは、自分たちのイメージしたことを具現化できたとき。そこで大切なのは〝伝える〟こと。その後、パタンナーさんや縫製業者さんなど、今も毎日楽しくお付き合いいただいている多くのパートナーと出会うことができ、HUISは生まれました。

2014年10月23日にオンラインストアをオープン。当時、SNSの中心だったフェイスブックのアカウントも同時に立ち上げたのが、記念すべきブランドのスタートです。だけど、一枚も売れませんでした。誰も知らないブランドですから当然ですよね（笑）。そこから、ハイエースに商品を乗せ、ふたりで小さなイベント出展を重ねて、遠州織物の魅力を伝え続けてきました。左はその頃の写真です。想像以上に忙しくなってしまった今も、夫婦でこの仕事が続けられているのは幸せなことです。

HUI

はじめまして、
HUISです
④

ユニセックスでワンサイズ

ＨＵＩＳの服は、多くが「ユニセックスでワンサイズ」になっています。ふくよかな方でも華奢な方でも、性別を問わず、世代を問わず、どなたでもすんなりと着られるワンサイズの服。もちろんデザインの細かな調整もありますが、その秘密は、生地にあります。

旧式のシャトル織機で、細くやわらかな糸をふんだんに使い、ゆっくりと時間をかけて織られた生地は、いずれもしなやかで落ち感のある風合い。着心地のよさだけでなく、美しいシルエットを生み出します。そんな生地をたっぷりと贅沢に使った服は自然なドレープを生み、大きめのサイズ感でも自然に着る人にフィットします。男性スタッフが着ているシャツも、小柄な女性のお客さまが袖を通してみると不思議としっくりなじむことに、いつも驚かれます。

ブランドを立ち上げた当初は、商品のカテゴリはメンズとレディスに分かれていました。ブランド名は「家族みんなで着てほしい」という思いから、オランダ語で「家」を意味する「ＨＵＩＳ（ハウス）」に。まずは襟の形、ボタンやポケットなどディテールにこだわりながら、自分たちらしいバランスを意識したシャツを作りました。

ところが、販売を始めるとこんな声が聞こえてきました。「メンズの大きいシャツのほうが私にはしっくりくる。レディスがなくて残念……」。自分たちの作ったカテゴリ分けが、壁を作ってしまっ

ていることに気がつき、そこからは「ユニセックスでワンサイズ」の服が増えていきました。今ではパンツやアウターも夫婦やカップルで兼用する方が増え、オンラインストアでの買いやすさにもつながっています。

もともと自然な風合いが特ち味で、洗濯後にもシワが残りにくいHUISの生地は、ノーアイロンでも扱いやすいのがいいところ。シャツにはアイロンが必須、なで肩の東洋人には似合わない……。そんなふうに思う方も多いと思いますが、HUISのシャツなら、ラフにおしゃれに着こなせるはずです。決して華美ではなく、素朴な風合いを楽しめるHUISのシャツは、日本の伝統技術で作られた遠州織物から生まれるのです。

右:オーガニックコットンシームレスオーバーシャツ(ブルーグレー)020、バフクロスバルーンパンツロング(ブラック)506L　中右:オーガニックコットンシャツ(ホワイト)002
中左:タイプライタークロスバンドカラーオーバーシャツ(白)015、バフクロスイージーワークパンツ(ブラック)507　左:コードレーンワイドブラウス(白)U102、綿ウールタイプライタークロススカートパンツ(ブルーグレー)505／すべてHUIS

chapter 2 HUISの定番

ＨＵＩＳのコンセプトはベーシックアイテムを基軸とした、誰にでもなじむ服づくり。シーズンごとに大きく商品が入れ替わるブランドが多い中、ＨＵＩＳは毎シーズン発売するうちの約7割が定番です。ひとつひとつに個性があり、愛着がある、これらの〝定番〟を何より大事にしています。

HUISの生地

旧式のシャトル織機を用いて、細い糸をゆっくりと、超高密度で織っているので、ふっくらとやわらかなＨＵＩＳの生地。数ある中から、代表的な15種類をご紹介します。

柄二重シャトルジャカード

柄部分が「二重織り（袋状）」になっていて、ふっくらと柄が浮き出る。ダブルガーゼのようなやさしい肌ざわりと自然なシワ感を持つやわらかな生地で、ふわりと体を包む。

コードレーン

空気感のある細い糸で織り上げた軽やかな生地。たて糸の一部を規則的に太い糸にすることで独特な凹凸感が生まれ、生地が肌に触れる面積が少なくなり、より軽やかな着心地を味わえる。

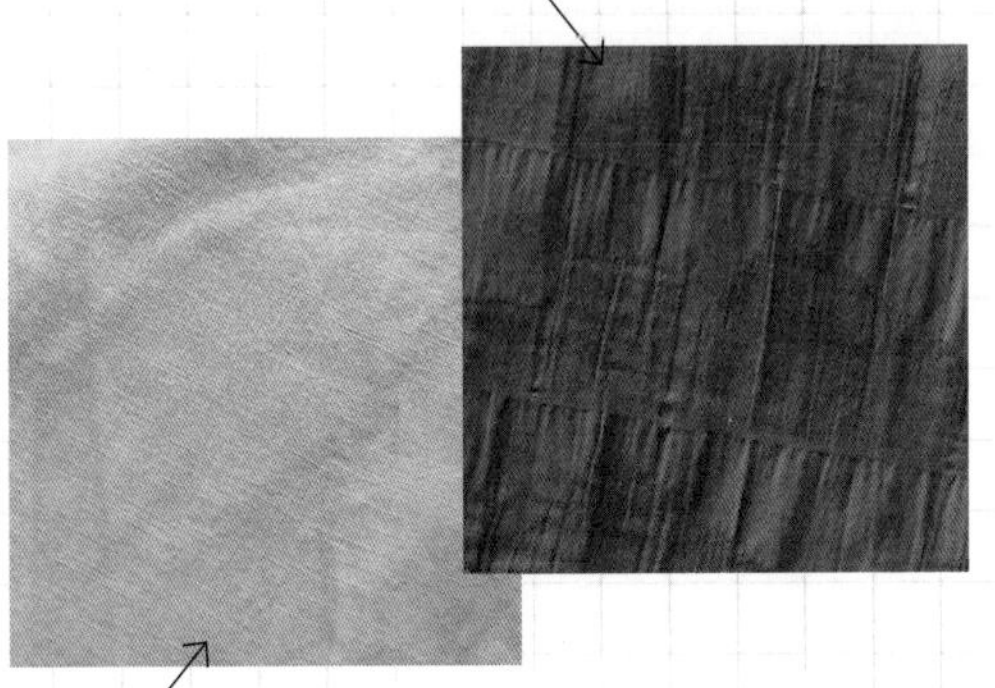

やわらかシーチングコットン

シーチングコットンは低密度でざっくりと織った生地の総称だが、旧式のシャトル織機で織られた生地はラフな風合いとやわらかさを持ち、使い込むほどにどんどん風合いが増していく。

ゆるふわコットン

最も細い100番手の極細糸をたて糸・よこ糸に使いながら、透け感をできる限り抑えるため、限界まで密度を高めた生地。着ている感覚がないほどの軽やかさとしっかり感が共存する。

ウォッシャブルウール

ウール100％ながら羽根のように軽いうえ、生地の間の空気の層により驚くほどの暖かさ。糸の段階でウールが縮む原因である繊維の毛羽をなくす処理を施しているため、洗濯機洗いＯＫ。

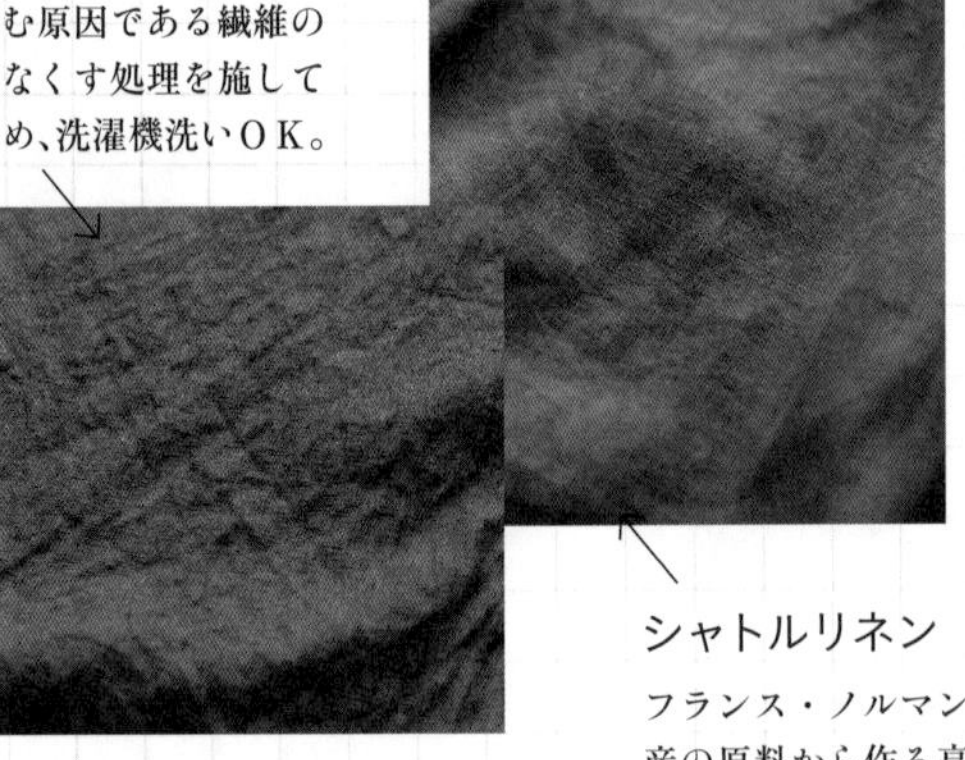

ダウンプルーフコットン

ダウンの羽根さえ通さないほど限界まで超高密度に織られたコットン100％の生地。風を通しにくいので寒い季節に活躍する〝天然素材のウインドブレーカー〟。ハリがあるのになめらかで着心地満点。

シャトルリネン

フランス・ノルマンディー産の原料から作る高品質なリネンを使用。ゴワつきがちな一般的なリネンとは一線を画し、軽くしなやか。調温機能にも優れているため、夏はもちろん、秋冬もおすすめ。

タイプライタークロス

極細糸を超高密度で織ったコットン生地で、紙のようなハリがありながら、しっとりと肌になじむ上質な着心地。ハリ感としなやかさが共存する不思議な質感で、シャトル織機の特別さが実感できる。

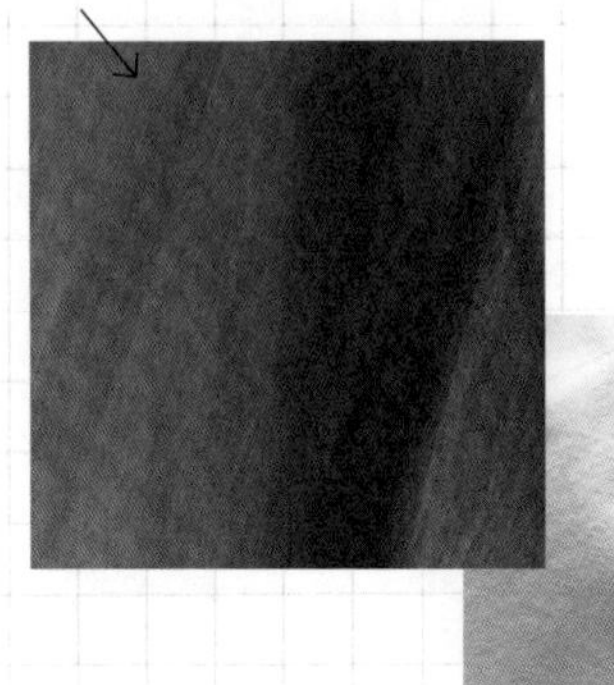

オーガニックコットン

たて糸・よこ糸ともに60番手のオーガニックコットン糸で高密度に織られた生地は、立体感のある風合いとやわらかで上質な肌ざわり。極上の着心地を味わえて、オールシーズン使いやすい。

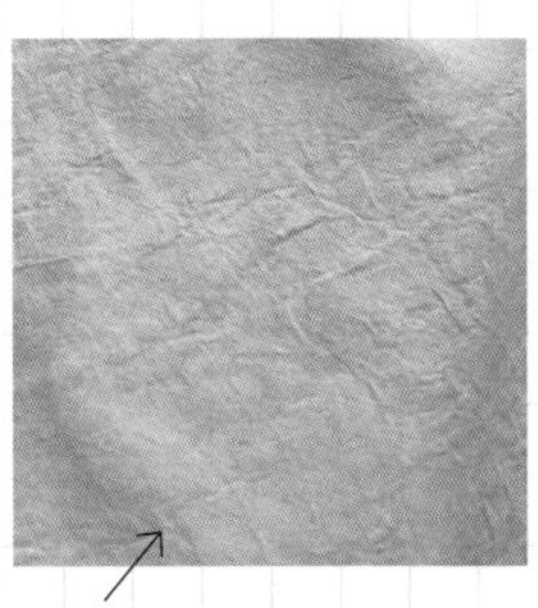

バンブーリネン

竹繊維から生産した、バンブーレーヨンをたて糸、リネンをよこ糸に使用。レーヨンが持つ自然なシワ感ととろみ、リネンが持つサラリとした冷涼感を兼ね備えている。

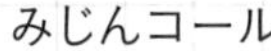

バフクロス

乗馬時に鞍がすべらないように鞍の下に敷かれる〝馬布〟を由来とする生地で、耐久性が高いのが特徴。太い糸を超高密度で織った珍しい生地で、ハリ感がありながらもしなやかで軽い。

みじんコール

シャトルコーデュロイの中でもシャツ生地に近く、薄手でしなやか。微塵（＝細かいチリ）のような微細な畝を繊細な技術で織り上げた遠州織物ならではの生地で、１日10mしか織れない。

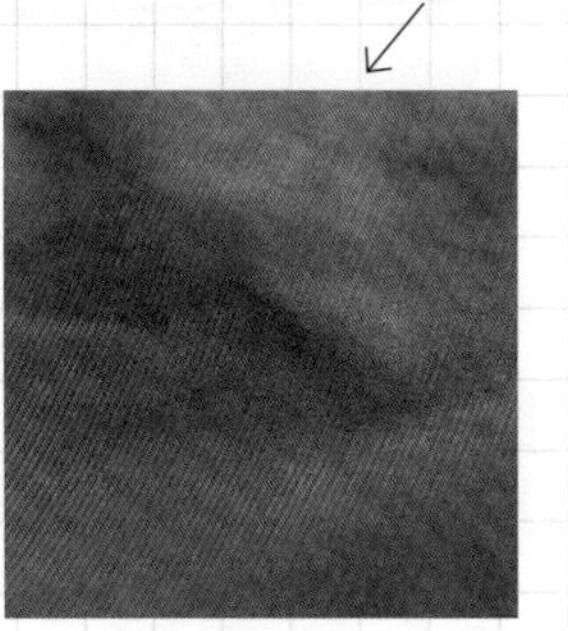

綿ウールタイプライタークロス

芯地のウールをコットンが包み込んだ糸を使用。 肌ざわりはコットンのやわらかさを持ちながら、糸の芯でウールが体の熱をため込んでくれるため、軽い着心地ながら見た目以上の保温性を持つ。

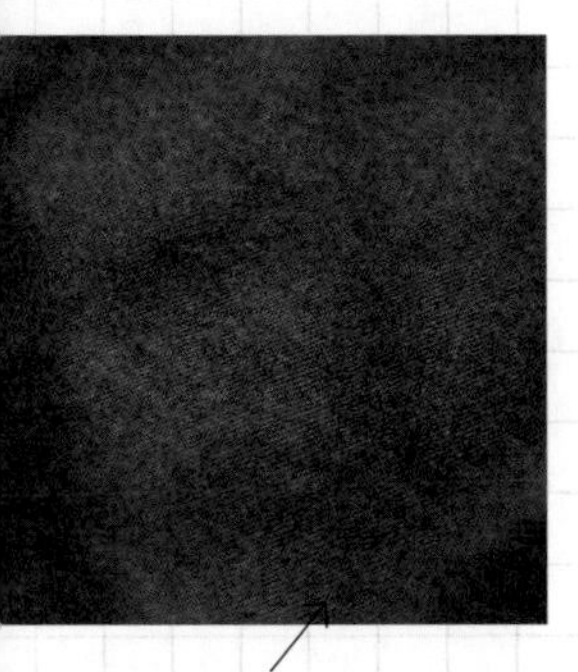

ヤクウール綾ネル

1頭からわずか100g程度しかとれない貴重な高級天然繊維であるヤクの毛と上質なコットンをブレンドした糸を綾織で織り上げ、両面を起毛したネル素材。極上のやわらかさと軽さを味わえる。

シャトルコーデュロイ

時間と糸量を贅沢に使い高密度に織り上げられ、高い耐久性を持つため、コーデュロイの欠点である「抜け」や「はげ」が起こりにくく、美しい毛並みを保つことができる。光沢のある高級糸がビッシリと織り込まれて立つ畝には別格の高級感がある。

no. 01 product

ブラウス

誰にでもなじむ小さくて丸みのある襟が特徴

小さめの襟やボタンをあしらった首まわりのデザインが特徴的。ＨＵＩＳの数ある アイテムの中でも、定番中の定番といえるブラウスがこちら。身幅が広く、体型を問わず着られる一枚。

小さな襟が特徴

ワイドブラウス U102

小さめの襟にボタンを添えた首まわりのデザインが特徴的で、最も人気の一枚。コードレーンやオーガニックコットン、なめらかコットンなどで製作。

size レディスF
肩幅65／身幅63／着丈63／袖丈41

フレンチスリーブ ワイドブラウス U103

同型のフレンチスリーブタイプ。袖は少しだけ肩にかかるフレンチスリーブで、パンツに合わせてもほどよくフェミニンな雰囲気に。

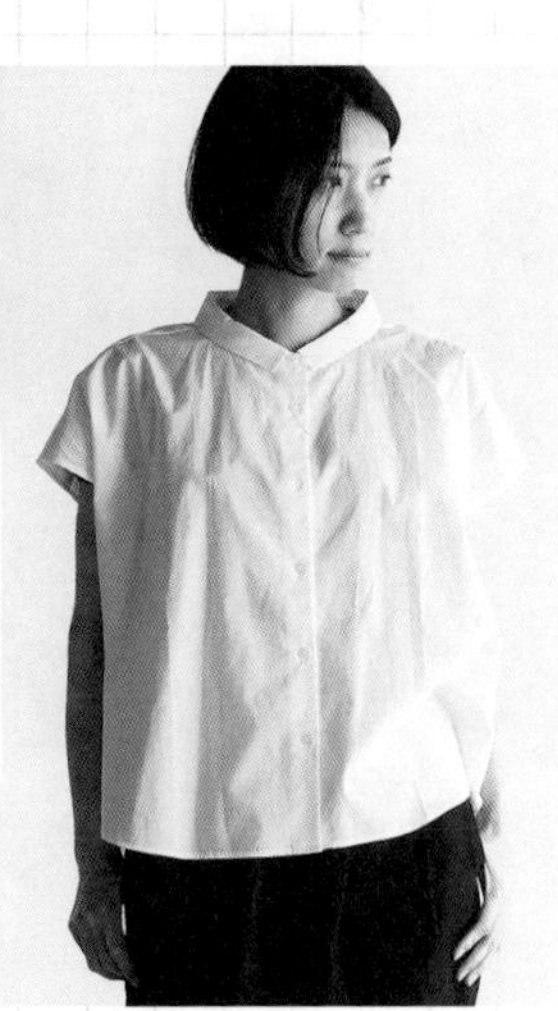

no.02
product

バンドカラーブラウス

メンズライクなシルエットに目がくぎづけ

襟が帯状になっているので首まわりがすっきり見え、適度なリラックス感もあるバンドカラー。ゆったりとしたシルエットと相まって、着るだけで雰囲気のある装いに。はおりとしても重宝。

(COLOR VARIATION)

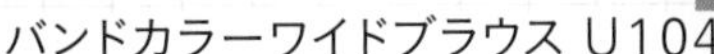

バンドカラーワイドブラウス U104

ワイドブラウス U102よりさらに広い身幅がありながらも、しなやかな生地によって落ち感が生まれ、誰にでもなじむ一枚に。オーガニックコットンやシャトルリネンで製作。

size レディスF
肩幅65／身幅70／着丈65／袖丈42

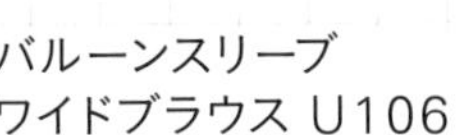

バルーンスリーブ ワイドブラウス U106

ゆるやかなバルーンスリーブと首まわりのギャザーで女性らしく。前合わせは隠しボタンになった比翼仕立てで、コーデが上品に。

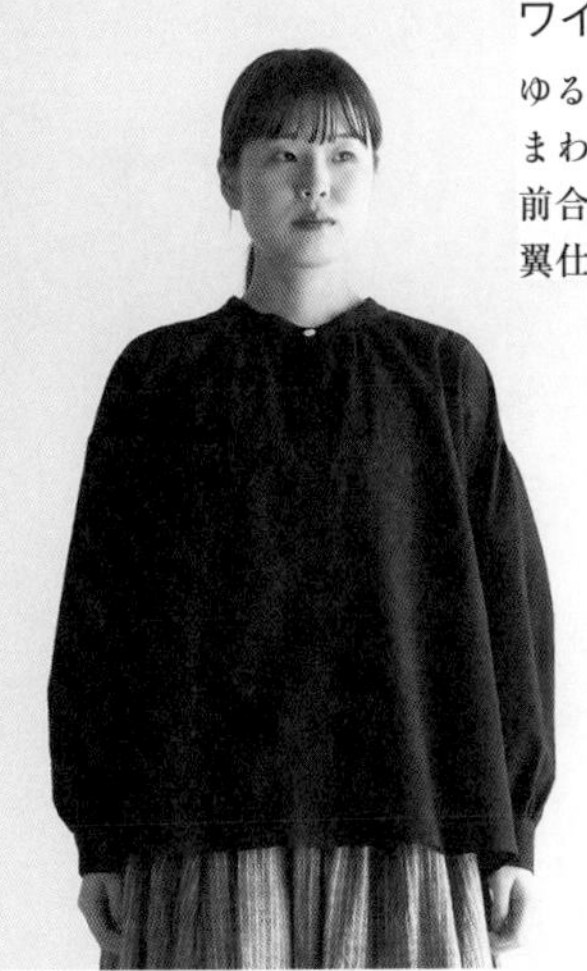

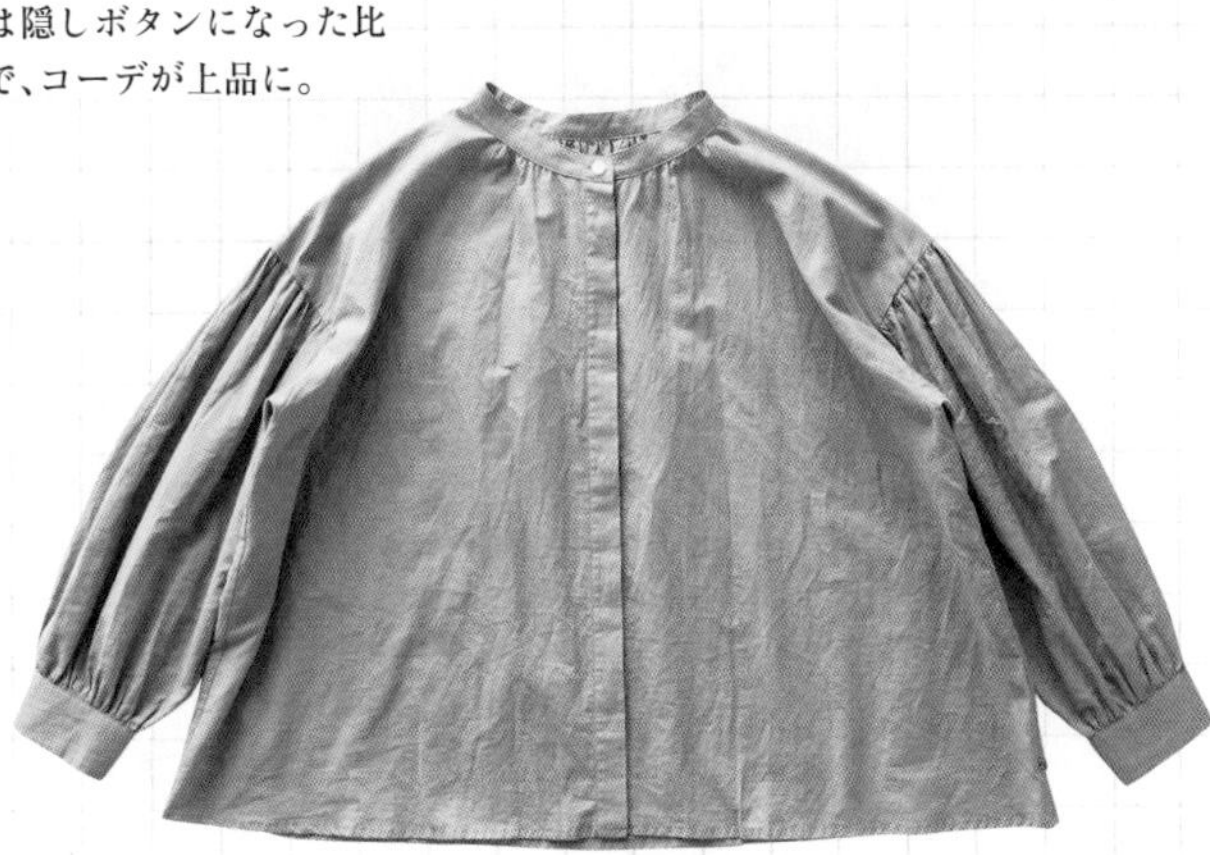

no. 03 product

オーバーシャツ

はおった瞬間、その心地よさにとりこになる

しなやかな生地で落ち感が生まれることから、体型を問わず自然に体に沿い、幅広いスタイリングにも合う一枚。袖の切り替えを排除し、胸から袖の付け根までをフラットにして洗練された印象に。

シームレスオーバーシャツ 020

一般的なシャツにある袖の切り替えを排したため、肩が落ちる自然なラインが生まれ、すっきりとした印象に。ボタンをとめても、ラフにはおっても。

size ユニセックスF
裄丈83／身幅64／着丈77

バンドカラーオーバーシャツ 015

同じくユニセックスで着られるバンドカラーシャツ。前身頃の裾はラウンド型、後ろ身頃はスクエア型になっているのが特徴。

no. 04 product

ロングシャツ

身幅たっぷりで、リラックス感のある一枚

ＨＵＩＳの中で人気の高いユニセックス仕様のロングシャツ。腰まわりから膝あたりまですっぽり隠れる丈感なので、体型カバーにお役立ち。アウター感覚でサラリとはおるのもおすすめ。

ロングシャツ 004

身幅をたっぷりととったオーバーサイズの定番ロングシャツ。肩がストンと落ちて、誰でもしっくりとなじむサイズ感になるのがポイント。アウター感覚ではおって着ても。

size ユニセックスF
肩幅81／身幅76／着丈95／袖丈26

ロングシャツ 016

〝004〟よりさらに大きめ。黒のボタンなので、シックな雰囲気に。長めの袖はそのままでも、まくって手元にボリュームを持たせても。

no. 05 product

プルオーバー

大きめのスリットが
さりげない
アクセントに

身幅や肩幅、アームホールをたっぷりとり、ワイドシルエットに。サイドスリット入りで軽やかさがあるクルーネックと顔まわりがすっきり見えるスキッパータイプ、どちらも人気。

スキッパープルオーバー U611

V開きによってシャープな印象になるスキッパータイプ。後ろの着丈が長めで、コクーン型の美しいラインが特徴。

ワイドプルオーバー U612

着丈の前後差を6㎝とり、両サイドにスリットを入れてアクセントに。ワンピースに重ねたり、サロペットのインにも活躍。シャトルリネンやシャトルジャカードで製作。

size レディスF
肩幅72／身幅62／着丈65／袖丈25

前後差のある着丈が◎

(SIDE SLIT)

no. 06 product

ポロシャツ

シャツ生地で大人のカジュアルを楽しむ

通常は鹿の子や天竺など、ニット生地で作られることが多いポロシャツをシャツ生地で。きちんと感がアップするのでスポーティになりすぎず、大人のカジュアルを楽しめる。

肩のラインがきれいに出る

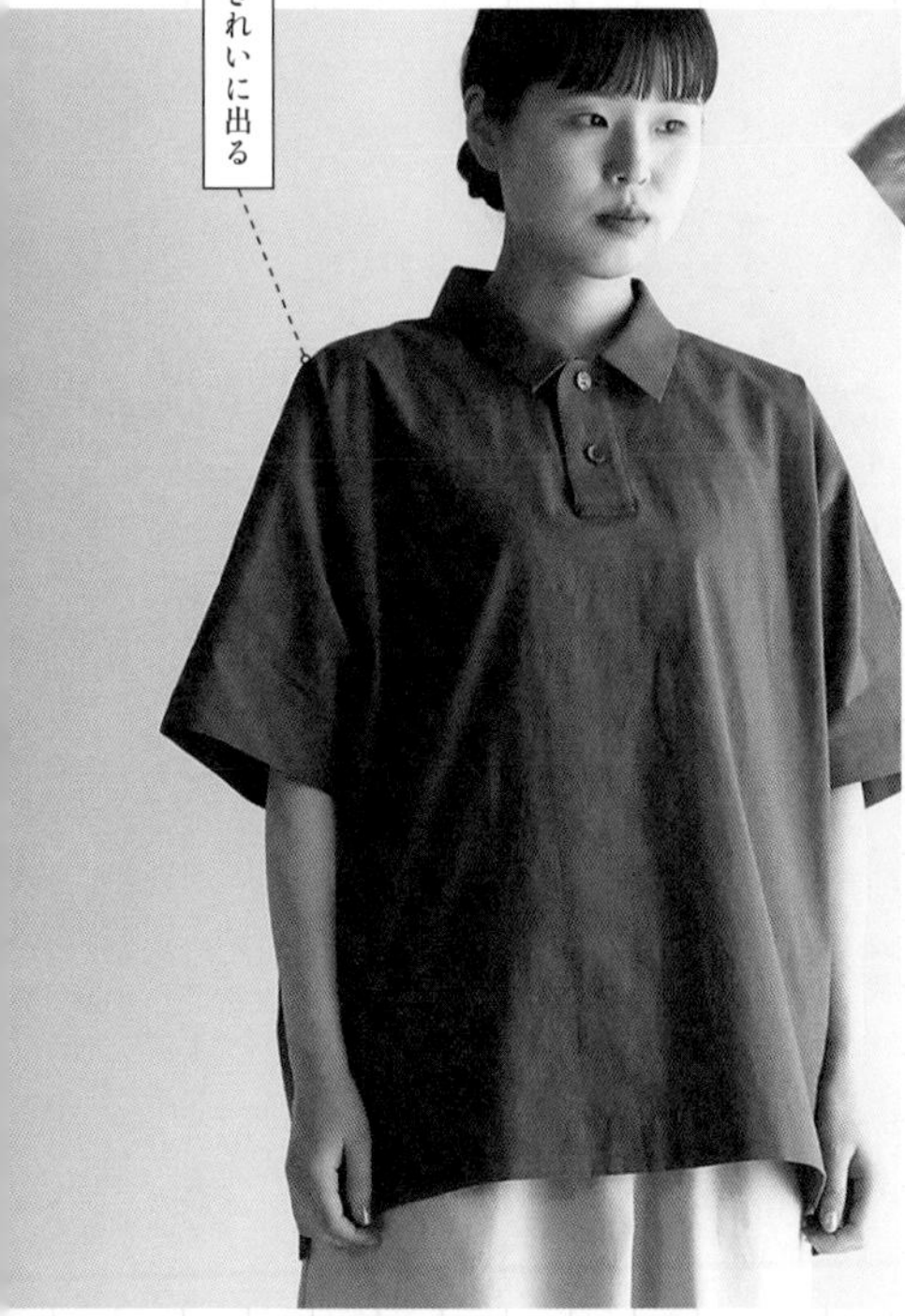

半袖ポロシャツ 616

前身頃は袖との境に切り替えがない独特のパターンなので、肩が自然に落ちてきれいなラインに。オーガニックコットンで製作。

size ユニセックスF
肩幅50／身幅59／着丈66／袖丈24

(LONG SLEEVE)

長袖ポケットポロシャツ 619

長袖は両サイドにポケットを備えた機能的なデザインに。従来のシャツとはまた違った新鮮な着こなしが楽しめる。

no. 07 product

バンドカラーワンピース

まるで包み込まれるような着心地が味わえる

生地をふんだんに使い、ゆったりシルエットに仕上げているので、包まれるような心地よさ。一枚で着るのはもちろん、重ね着をしやすいので、パンツやスカートを合わせて楽しんで。

バンドカラーワイドワンピース U213

ゆったりとしていて、包み込まれるような着心地のいいワンピース。たっぷりととった身幅と小ぶりのボタンがポイントに。パンツやスカートとも合わせやすく、さまざまな雰囲気を楽しめる。

size レディスF
肩幅76／身幅70／着丈105／袖丈40

バルーンスリーブワンピース U212

ゆったりシルエットながら、前立ては隠しボタンになった比翼仕立てですっきり。バルーン型の袖がアクセントに。

no. 08 product

フレンチスリーブワンピース

細かなギャザーと量感のあるシルエットが魅力

軽やかな生地が肩や二の腕をふんわり覆って自然にカバーできるフレンチスリーブ。上半身がコンパクトにまとまるので、スカート部分が広がっても全身がバランスよく見える。

細かなギャザー

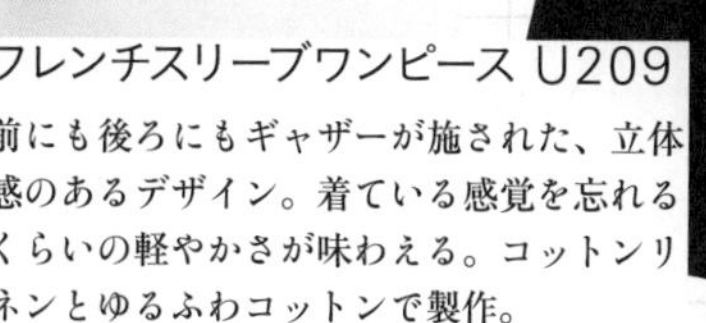

フレンチスリーブワンピース U209

前にも後ろにもギャザーが施された、立体感のあるデザイン。着ている感覚を忘れるくらいの軽やかさが味わえる。コットンリネンとゆるふわコットンで製作。

size レディスF
肩幅70／身幅65／着丈108

コクーンワイドワンピース U211

袖はノースリーブに見えて、着るとフレンチスリーブ〜半袖ほどの丈感に。ふんわりとした自然なシルエットで、体型カバーにも。アウターとして使うのもおすすめ。

no. 09 product

カーディガン

ゆったりシルエットなのにすっきり見えが叶う

シンプルだからこそ素材のよさがぐっと際立つ、定番のカーディガン。ワイドシルエットながら、しなやかで落ち感がある生地なので、すっきりとしたシルエットで着られる。

ショートカーディガン 704

身幅をたっぷりととってワイドシルエットに。ウォッシャブルウールやシャトルリネンなど１年を通して着られる生地で製作。軽いので、持ち運びもラクラク。

size レディスF
肩幅61／身幅64／着丈53／袖丈45

ショートカーディガン 702

前合わせの裾が少し前下がりになった、素材のよさを生かしたデザイン。ボタンがないので、気負わずサッとはおれる。夏の冷房対策にも。

product no. 10

ロングカーディガン

襟やボタンなしで生地感をそのまま感じられる

たっぷりと生地を使うことで、ぬくもりが感じられるカーディガンに。軽やかな着心地に加え、しなやかな生地なので重ね着がスムーズ。持ち運びもしやすい。

(with SKIRT)

重ね着がしやすい

ロングカーディガン 701

贅沢に使用した生地の魅力をそのまま感じられるカーディガン。ボタンがないのでサッとはおれるうえ、大きめのポケットも便利。首まわりが品のある雰囲気に。

size ユニセックスF
肩幅58／着丈88／袖丈51

チュニック 009

開ければカーディガン、ボタンをとめてチュニックとしても。サイドスリットで裾まわりにゆとりがあり、体型カバーも叶う。

no. 11 product

バルーンパンツ

ゆとりがありながらほどよいきちんと感が漂う

ももまわりにゆとりを持たせたバルーンパンツは、HUISのパンツで人気ナンバーワン。裾に向けてテーパードがかかったシルエットで、はき心地はラクなのにすっきりとした印象に。

バルーンパンツロング 506L

〝506〞のフルレングスタイプ。〝506〞と同様、ウエストはゴムとひもで調節できるので、誰でもゆとりを持って着ることができる。

(CORDUROY)

バルーンパンツ 506

ユニセックスで着用できる定番のパンツ。ちらりと足首がのぞく8～9分丈で、全身がすっきり見える。右後ろについた下がり気味のポケットがポイントに。

size ユニセックスF
ウエスト75～／股上37／股下49／
もも幅35／裾幅23

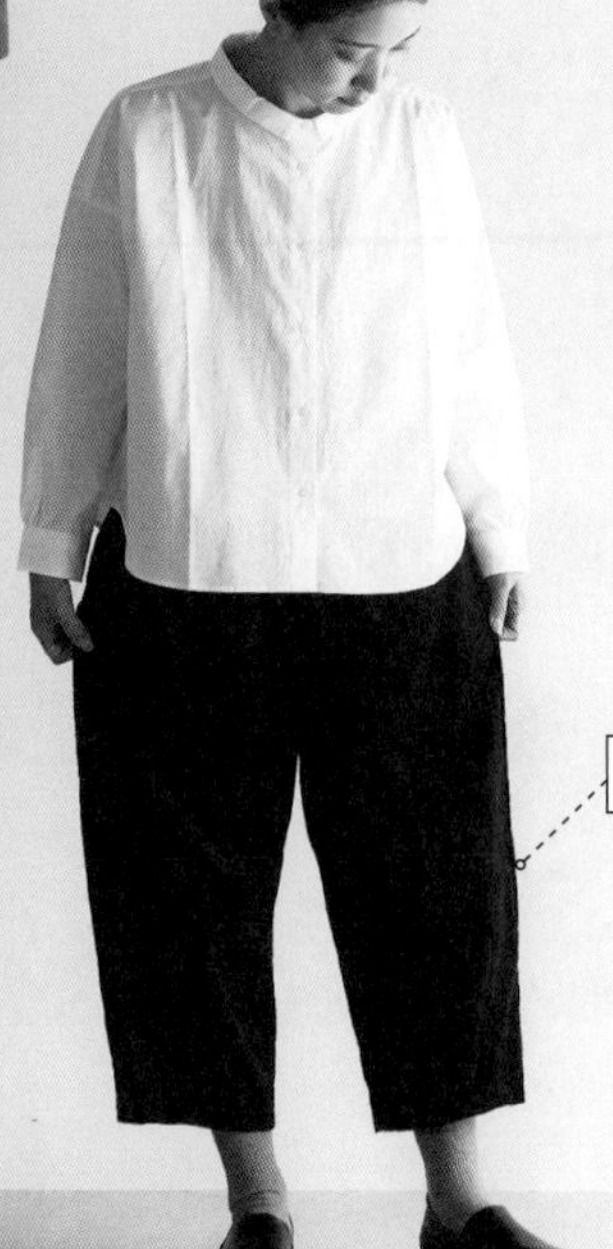

ゆとりのあるシルエット

no. 12
product

イージーワークパンツ

楽ちんながら美しく見えるラインでリピーター続出

さまざまな生地でラインナップしているシンプルなワークパンツ。腰やももまわりがゆったりで楽ちんなのに、裾にかけてゆるやかにテーパードしていて、きれいめにはくことができる。

ゆるやかなテーパード

イージーワークパンツ 507

誰でもラクに、すっきりと細見えする一本。右後ろについたポケットのボタンが着こなしのアクセントに。シーチングコットン、バフクロス、バンブーリネンなどで製作。

size ユニセックスF
ウエスト70〜／股上31／股下67／
もも幅30／裾幅19

(BACK STYLE)

イージープレーンパンツ 510

ウエストからももまわりにかけては〝507〟よりゆったり、裾にかけては〝507〟よりもテーパードがかかってすっきりとしたシルエットに。右後ろはパッチポケット、左はスラッシュポケットで存在感のあるパンツ。

no.13 product

オーバーコート

表面の
自然なシワ感により
立体的な表情に

ＨＵＩＳのコートは軽量なのに暖か。高密度で風を通しにくい生地を使用することで、暖かい空気を逃さず、体温を生かして自然なぬくもりが生まれる。綿素材なので、家で洗濯可能。

裏地は生成りの生地

ふかふかオーバーコート 305

2枚仕立ての裏地つきコート。2枚の生地の内側に、風を通しにくく暖かな空気を保つタイプライタークロスやダウンプルーフコットンを使用しているため、軽量なのに適度な暖かさ。縫いジワや縮みなどの風合いを加えるパッカリング加工による立体感のある表情も特徴。

size ユニセックスF
肩幅75／身幅72／着丈100／袖丈43

(with STRIPED SHIRT)

ワイドショートコート 311

HUISの定番ブラウス〝U102〟をアウターにしたイメージでデザイン。ワイドシルエットで厚手のトップスの上からもゆったり着られる。

no.14 product

アトリエコート

きれいなラインでサッとはおるだけでさまになる

シンプルなデザインのアトリエコート。その日の気分に合わせて襟のスタイルを変えられる楽しさも。流行り廃(すた)りなく長く愛用できるシンプルなデザインながら、こだわりを感じられる一着。

アトリエコート 306

すっきりとしたラインできれいなシルエットに。ラグラン袖で肩まわりがゆったりしているので、ストレスなく着用可能。同じ生地のボトムスと合わせてセットアップにできるのもHUISの楽しみ方。

size ユニセックスF
裄丈79／身幅61／着丈94

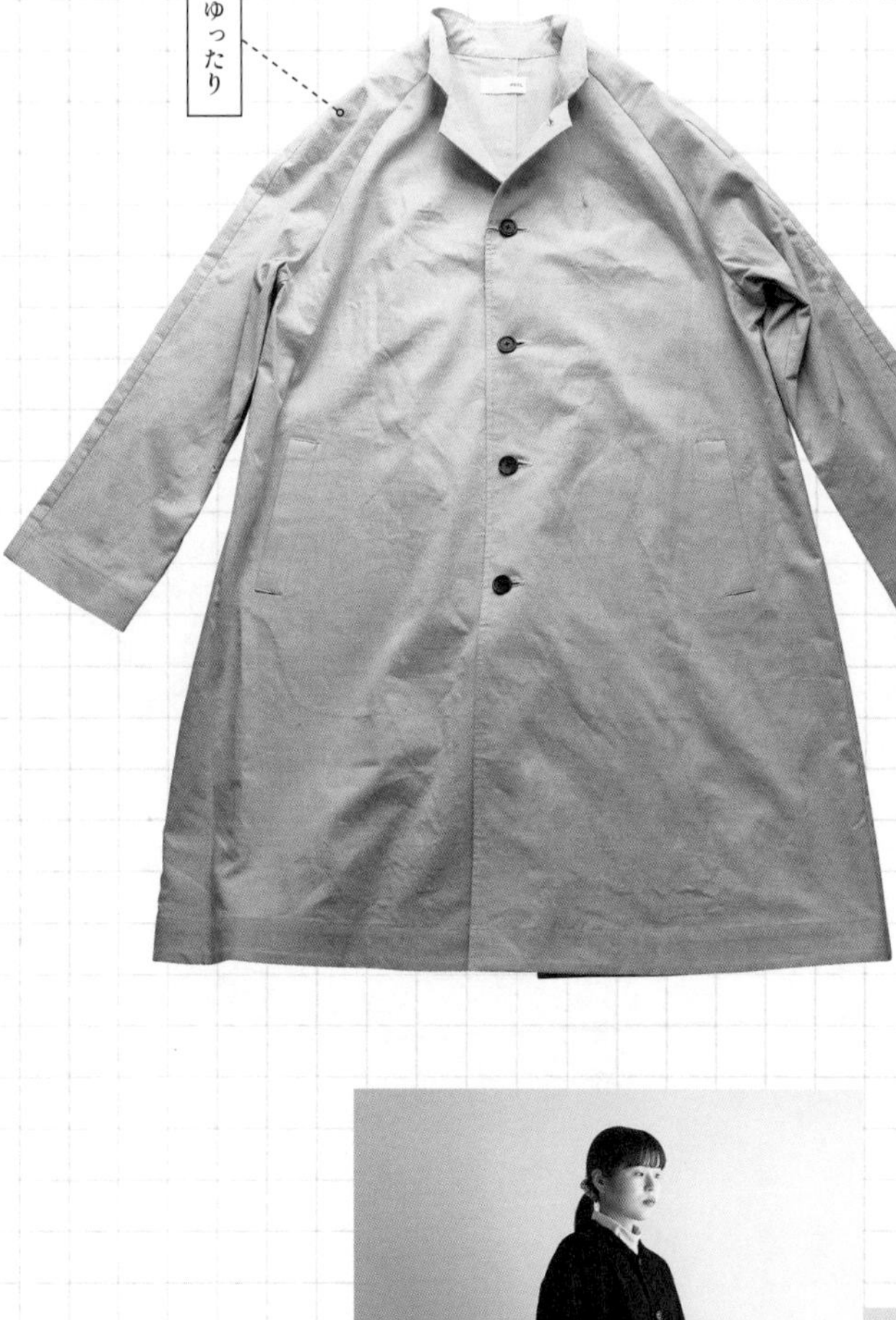

肩まわりがゆったり

アトリエジャケット 307

アトリエコートのデザインはそのままで、ジャケット丈に。バンブーリネン、やわらかシーチングコットン、ヤクウール綾ネルと生地展開も多く、生地によって異なる雰囲気に。

no. 15 product

ギャザースカート

贅沢に使った生地が歩くたびにふわりと風になびく

生地を惜しみなく使っているので、歩くたびにふわりと広がり、女性らしいやわらかさを感じるスカート。ドレープによってシルエットの美しさが際立ち、エレガントな印象に。

ロングスカート U402

身長を問わず合わせやすい丈感とギャザーのバランスに定評があるスカート。コードレーン、タイプライターなどさまざまな生地で製作。生地によって異なる雰囲気が楽しめる。

size　レディスF
ウエスト67〜／総丈81

たっぷりのギャザー

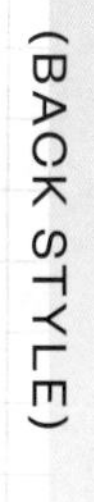

ポケットギャザー ロングスカート U405

大きめで立体感のあるポケットをあしらった一枚。ポケット部分のボリュームによって裾が広がらず、自然なコクーン型シルエットに。

no.16 product

タック
スカート

大きなポケットとコクーンシルエットで上品に

丈をたっぷりとったロングスカート。ウエスト部分がギャザーになっているので、トップスをインして着るとひと味違ったムードに。両サイドの大きめのパッチポケットは実用性も◎。

タック&ギャザー
ロングスカート U406

ウエストの前面は深めのタックとギャザーを、背面は中心にタックをひとつとった独特のパターンで、角度によってスカートパンツのようにも見える。多様な表情を持ち、コーディネートが楽しくなる。

size レディスF
ウエスト70〜／総丈86

(BACK STYLE)

大きなポケットが特徴

no.17 product

バッグ

シンプルなおしゃれに映える名脇役

スマートフォンケースやストールなど、いくつか取り揃えている小物の中でも、人気を集めているバッグ。遠州織物ならではの軽さや丈夫さは普段使いにぴったりで、リピーターも多数。

タイプライタークロス 2WAYミニショルダーバッグ S005

超軽量のタイプライタークロスを使用。身軽に出かけたいときに最適なサイズ感で、背面にスマートフォンが入るポケットつきなのも便利。

size 横33×縦30×マチ8

バフクロストートバッグ S001

やわらかな質感と高い耐久性を持つバフクロスを使っているので、ある程度の量の荷物を入れてもびくともしない。丈夫ながら、薄手で軽い。

size 横42×縦29×マチ12(内ポケット縦11.5×横23.5)

【column】

HUISの生地のお手入れ

どんなに心地よくても、着るたびにドライクリーニングが必要なら日常着としては使いづらいもの。HUISの服はお手入れが簡単で、洗濯後の着心地も変わりません。

基本の洗濯方法

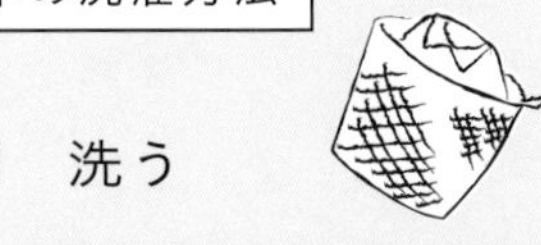

1　洗う

・ネットに入れ、洗濯機の「手洗いコース」や「ドライコース」を利用。洗剤はおしゃれ着洗い用の中性洗剤を使う。
・ほかの衣類と一緒に洗濯機に入れて洗濯することもできるが、よりやさしく洗いたい場合は単独洗いがおすすめ。

※近年の洗濯機は節水機能が充実しており、水量を洗濯機が自動で判断して少ない水で洗うことが多くなっているが、たっぷりの水で洗うと汚れ落ちがよく、生地の風合いもより感じられる。

↓

2　脱水

脱水時間はできるだけ短くし、脱水後、すぐに取り出して広げ、シワをやさしく、しっかり伸ばす。

※生地加工が施された一般的な洋服と比べ、HUISの生地はシワが伸びやすく、残りにくい性質を持っている。そのため広げて手のひらでシワを伸ばしてから干すと、乾いたときに、ほどよく自然なシワ感に仕上がる。

↓

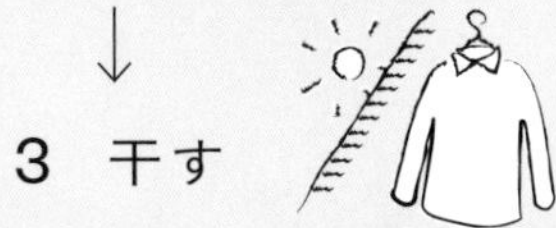

3　干す

直射日光を避けるため裏返して干すか、陰干しをする。

※乾燥後もシワが気になる場合はハンガーなどにかけたままアイロンのスチームをあてるか、霧吹きなどで軽く湿らせると自然にシワが伸びる。

生地ごとの洗濯のポイント

綿、リネン

「基本の洗濯方法」でOK。

コーデュロイ

畝が擦れ合うのを避けるため、裏返さずに単独洗いをする。洗濯後は生地をよく伸ばし、手のひらで毛並みを整えて干す。

ウォッシャブルウール＆ヤクウール綾ネル

洗濯ネットに入れ、中性洗剤を使用して30度以下の水で単独洗いをする。脱水は弱く、短時間で行う。

※柔軟剤が苦手でない場合は、毛をからまりにくくする作用のある柔軟剤を入れるのがおすすめ。

ウールトロ＆縮絨ウールフランネル

縮みなどのリスクがあるので、ドライクリーニングがおすすめ。

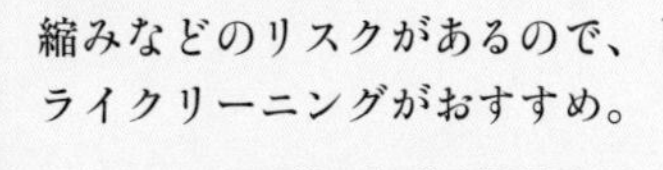
※ウールは汗や汚れを弾く性質があるため、頻繁に洗う必要はない。

chapter 3 それぞれの日常着、それぞれのHUIS

・

年齢や性別、体型問わずに着られるHUISの服。30〜60代で、バックグラウンドも異なる素敵な4人にご登場いただき、HUISの服を交えた普段の着こなしを見せていただきました。今、好きなスタイルやHUISに惹かれる理由など、それぞれのおしゃれにまつわる話もご紹介します。

1. 俳優／中島多羅さん

2. フォトグラファー／たないりほさん

3. 主婦／金子敦子さん

4. 画家／山口一郎さん

シンプルな装いにひとさじのスパイスを

30代・
170cm
俳優／
中島多羅さん

今回、初めてHUISの服を着て、「シンプルで着心地がいいし、作られた背景を知ったら、より愛着がわきました」という多羅さん。大好きな帽子や靴下で多羅さんらしい味つけを。

オーバーサイズの白シャツで
究極のシンプルコーデ

白シャツ×デニムで潔く。「普段はニットやスウェットを重ねることが多いけれど、こんなふうにサラリと着るのが憧れ」。小さく光るアクセとペールグリーンのネイルで女性らしさを。

オーガニックコットンシームレスオーバーシャツ（白）020／HUIS

白シャツ×デニムは
私にとって究極のおしゃれ。
いつかかっこよく
着られるようになりたい

キリッとした白シャツで
デニムコーデをドレスアップ

「ハードルが高めの〝デニムオンデニム〟は色を合わせるのがコツ」と多羅さん。カジュアルになりすぎないように白シャツやレザーベルトでかっちり感を加え、アクセがわりに頭にスカーフを。

タイプライタークロスバンドカラーオーバーシャツ(白)015／HUIS

スタンダードなアイテムの
組み合わせに
Tシャツや小物で
遊び心を添えて

愛着のあるロックTを
ダークトーンで引き立てて

「太畝がかわいく一目惚れ」というパンツに合わせたのは大好きなバンド、『くるり』のTシャツ。ジャケットでラフさをやわらげて。「大ぶりのビーズネックレスでちょっと遊びました」

シャトルコーデュロイワイドパンツ(太畝・カーキブラウン)504/HUIS

俳優／
中島多羅
さんと
HUIS
の服

グレー×ダークグリーンで
クラシカルなコーデに

ネルのシャツに、冬に大活躍するという同系色のベストをオン。深いグリーンのスカートパンツで落ち着いた雰囲気に。履き込んだ「ジュコ」のブーツにサークルモチーフの靴下を忍ばせて。

ヤクウール綾ネルバンドカラーオーバーシャツ（きなり）015、みじんコールスカートパンツ（エバーグリーン）505／ともにHUIS

清涼感のあるストライプに
鮮やかなピンクを差して

透け感のあるストライプシャツにピンクのシルクパンツを。「ストライプはきちんとにもカジュアルにも合わせられるし、組み合わせで表情が一変するところに惹かれます」

ゆるふわコットンショートスリーブロングシャツ(ブルーストライプ)014／HUIS

ビビッドカラーも
すんなり受け止める
ストライプのシャツが好き

ラベンダーブルー×ミモザ
リズミカルな色合わせに

「色遊びを楽しむことが多い」という多羅さん。ストライプにパッと目を引く華やかなミモザ色を合わせ、黒いハットで存在感を。動くたびにスカートがふわりと揺らいで。

オーガニックコットンビッグシャツ（ラベンダーストライプ）011、オーガニックコットンロングスカート（ミモザ）U402／ともにHUIS

俳優／
中島多羅
さんと
HUIS
の服

休日のおしゃれはライトグレーのコートとパンツをセットアップ

クールなライトグレーに白とシルバーでこなれ感を

ライトグレーのコートとパンツを合わせて。「セットアップが大好きなので、色味と生地感が似ている同士を合わせてみたらかわいかった！」同系色のシルバーの靴でつやときらめきを。

タイプライタークロスふかふかオーバーコート（ライトグレー）305、タイプライタークロスバンドカラーオーバーシャツ（白）015、バフクロスワイドパンツ（ライトグレー）504／すべてHUIS

「HUISの服は、一見するとすごくシンプル。着てみないとわからないよさがあるなと思いました」

今回、初めてHUISのシャツやパンツを身につけた中島多羅さんが感じたのは、「肩部分の落ち方やシルエットの美しさ、そして肌ざわりのよさとやわらかさ」。

「56ページの白シャツは、見た目はフォーマルにも着られそうなパリッとした印象なのに、着心地はまるでパジャマのようなリラックス感。私が好きなブランドは織りにこだわるところが多いのですが、あらためて、肌ざわりって糸や生地の織り方によってこんなに違うんだな〜と実感しました」

物心ついたときから服が好きだった一方で、「小さい頃はぽっちゃりしていて、着られないものが多いのがコンプレックスだった」と多羅さん。コンプレックスがあったからこそ、自分が似合う服をとことん探しました。幅広い装いを試して、似合うものがわかり、自分の〝好き〟を深めていけるように。

「まだ選ぶテイストがぶれることも多いけれど、真ん中に〝好き〟っていうけっこう太い柱ができたから、変化も受け入れています」とにっこり。加えて今は見た目だけでなく、人間性という内なるもので服を着ることを意識するようになったそう。

「私が目指している究極のおしゃれは、白シャツとデニムに少しアクセサリーを加えるスタイル。シンプルだからこそ人間性が出ると思っています。今はいろいろ着たいし、心持ちも到達できていませんが、髪が全部白くなって、顔がシワだらけになったとき、それがかっこよさにつながるような人生を歩んでいきたいです。そのときに着る白シャツとデニムが、実は昔ながらの織機で大切に作られたいいものだというストーリーがあったら、さらにいいですよね」

profile

Tara Nakashima

5歳からバレエを始め、バレエダンサーとして海外を拠点に活躍した後、2017年に日本でモデルデビュー。2022年に俳優に転身。絵本の翻訳やエッセイの執筆など多方面で活動。
Instagram：@tarafuku333

着るだけでワクワクする私のベーシック服

40代・**152**cm
フォトグラファー／
たないりほさん

ブランド設立当初から仕事で関わりながら普段もHUISの服を愛用し続けているたないさん。そのよさを肌で感じて、日に日に思い入れが増しています。

気分を上げたいと思ったら
オールホワイトコーデに。
黒のポイント使いで
ちょっとだけ引き締めて

オーバーサイズのシャツを
サラリとはおって

Tシャツ×オーバーオールに身幅たっぷりのロングシャツをオン。袖はしっかりまくって抜け感を。「春先や気分を上げたいときは全身白に。白を着ると、気分までさわやかになります」

オーガニックコットンロングシャツ(白)004／HUIS

毎年、ひとつずつ
買い足しているかごバッグ。
合わせる服を選ばないし、
装いがぐんと軽やかに

パキッとしたブルーと
ストライプですがすがしく

主役は目を引くブルーのコート。同色のストライプシャツと「年を重ねてからはくようになった」という白パンツをリンクさせて。「ストライプで縦ラインを強調してスラリと見せます」

やわらかコットンショップコート(ダークネイビー)302、パフクロスバルーンパンツロング(オフホワイト)506L／ともにHUIS

どんな装いとも相性がよく 冬のおしゃれにマストな一枚

前開きのワンピースはいつもコートとして着用。「ワンピースとして着るより、すっきりした印象に。どんな装いでも、これをはおれば素敵に見えます」。かごを合わせて軽やかさを。

シャトルコーデュロイワンピース(ブラック)U203、オーガニックコットンバルーンスリーブワイドブラウス(白)U106、やわらかコットンロングスカート(ブラウン)U402/すべてHUIS

フォトグラファー/
たないりほさんとHUISの服

フォトグラファー／

たないりほさんとHUISの服

メンズライクな色合わせを バンドカラーでやわらげて

「メンズライクになりすぎないところが好き」というバンドカラーシャツに太めのパンツを合わせて。「裾は2回ロールアップして足元に軽さを出します」

オーガニックコットンバンドカラー半袖ワイドブラウス（ブラック）U110、ダウンプルーフコットンワイドパンツ（ベージュ）504／ともにHUIS

ボリュームのあるアイテムも ひと工夫して大人っぽく

袖がふんわりしたブラウスにギャザースカートを。量感のあるアイテム同士なので、前だけインして少しボリュームダウン。ダークカラーでまとめて甘さも抑えて。

タイプライタークロスロングスカート（グレー）U402／HUIS

HUISの
ギャザースカートは
私の大定番アイテム。
軽やかで上質な生地だから、
低身長でもすっきり着られる

歩くたびにゆらゆら揺らぐ
スカートに心も躍る

上下とも大好きなリネンに。「何枚ものロングスカートをはいてきて、初めてしっくりきた一枚。生地が軽やかでストンと落ちるから〝着られている感〟が出ないんです」

シャトルリネンロングスカート(きなり)U402／HUIS

フォトグラファー／

たないりほさんとHUISの服

おやつを食べたり、ソファでうたた寝したり。そんな娘さんの日常を撮影し、アップしているたないさんのインスタグラムのフォロワーは12万人超。撮るときは「見てほしいものが目に入るように余白をとって、シンプルな写真にしたい」と考えているそう。

「自分自身もシンプルでいたい」とたないさん。20代の頃は古着やデニムに熱中。あらゆる服を着た末、ぐっとシンプルになり、今のワードローブは無地で、黒やベージュ、白などベーシックカラーがほとんどです。

「HUISの服もシンプルなところが好き。ブランドがスタートして間もない頃に松下さんと知り合って着始めたのですが、そのときのパンツは洗濯を繰り返して色があせた今も飽きずにはいています」

現在はフォトグラファーとして時にHUISの撮影のほか、インスタライブでモデルをすることも。152cmと低身長なので、依頼されたときは「ユニセックスのブランドのモデルなんて」と気後れしたのだとか。

「パンツはレディスサイズでも長いので裾をロールアップするのですが、折るとどうしても足元が重く見えます。HUISはユニセックスだから3回折るのに、軽やかな生地なので、重く見えなくていい感じ。〝ハウスマジック〟です」

「ズドンとした印象になったり、太って見えるからはけなかった」というロングスカートもHUISのスカートに出会いはけるように。

「落ち感のある生地とギャザーの入り方によって広がりすぎないんです」と顔をほころばせます。

「敏感肌でチクチクする服は着られないのですが、HUISの服はまったくチクチクしません。形は定番なので、ロングスカートは色や素材を変えて買い足していますが、試着なしでも安心です。時間をかけて作られたHUISの生地は本当に上質だから、色あせても、くたくたになっても手放したくない。染め直して着続けたい。そんなふうに思った服は初めてです」

袖がゆるやかなバルーン型になったデザイン。軽く、しなやかな綿ウールの生地のため落ち感があり、ふわりとした優雅で自然なシルエットに。

profile

Riho Tanai

静岡県浜松市生まれ。20代の頃にフィルムカメラやポラロイドで写真を撮り始め、娘の誕生を機にInstagram（@monchouchou）にデジタル一眼レフで撮った写真を投稿し人気に。現在はウェディングや七五三などの撮影を行う。

コーデに使う色は3色まで。落ち着いた色合いの中に靴下で小さく赤を差して着こなしのポイントに

フェミニンなブラウスに
太めのデニムで甘辛コーデに

首まわりの細かなギャザーが美しいブラウスをデニムでカジュアルダウン。エナメルのレースアップシューズでつやときちんと感を足して。靴下の赤がアクセントに。

綿ウールタイプライタークロスバルーンスリーブブラウス（ブルーグレー）U106／HUIS

上質な白シャツ&カットソーでおしゃれが変わる

60代・160cm
主婦／金子敦子さん

やわらかさと軽さに感じ入り、知識を深めるうちにすっかり遠州織物のとりこに。白シャツ&カットソーのほか、HUISの服はいまや金子さんのワードローブに欠かせない存在です。

洗濯機洗いOKのカーデと極軽パンツでのんびり

「家で過ごす日は汚れが気にならない濃色を着ます」と金子さん。184gと抜群に軽いパンツはほぼ毎日はいている一本。「薄手で暖かなカーディガンは洗濯機で洗えるのがうれしい」

ウォッシャブルウールカーディガン(ダークネイビー)704、コードレーンワイドパンツ(ネイビー)504、[HUISのくつした]JAGARD(ミストホワイト/すべてHUIS

一日中、家事をがんばる日はお気に入りのベストとパンツで気分を上げて

ふっくら暖かなパンツと
ベストなら家事がはかどる

「暖かみがある見た目とやわらかさに惹かれて、この冬からはき始めました」というシャトルコーデュロイのパンツ。体型カバーにもなるスウェット地のベストもヘビロテ中。

[HUIS in house]SUVINスウェットポケットベスト（ダークグレー）SW601、シャトルコーデュロイパンツ（細畝・ダークネイビー）501、[HUISのくつした]SUVIN（ピクルス）／すべてHUIS

お散歩中、大好きな
カフェでひと息。
肌ざわり抜群の
カットソーなら
いつもよりリラックスできる

主婦／
金子敦子
さんと
HUIS
の服

目を引くネイビーのボトムに
ベーシックカラーを合わせて

「後ろ身頃の裾が立体的になったカットソーは、ふんわりしたシルエットとニュアンスカラーがかわいい」。ネイビーのボトムは黒いジャケットとの相性も◎。

SUVINオックスフォードノーカラージャケット（ブラック）010、［HUIS in house］SUVIN COTTON長袖コクーンカットソー（グレージュ）CS202、シャトルリネンスカートパンツ（フレンチネイビー）505／すべてHUIS

ワントーンコーデで
近所のイタリア食材屋さんに
おいしいチーズと生ハムを買いに

やわらかいベージュトーンのグラデーションが気分

白TにP73の色違いのベストを重ね、ゆったりしたパンツとキャップを合わせたスポーティコーデ。ワントーンに木の葉のようなグリーンのバッグで彩りを。

[HUIS in house] SUVINスウェットポケットベスト（カーキベージュ）SW601、バンブーリネンイージーワークパンツ（グレージュ）507、バフクロストートバッグ（リーフグリーン）／すべてHUIS

白シャツ×シルクパンツで ギャラリーへ

「顔が明るく見えて、きちんと感がある白シャツがブーム。これはやわらかいし、バンドカラーで首元がすっきり見えるところが好き。お出かけの日はシルクパンツでつやをプラスします」

オーガニックコットンバンドカラー半袖ワイドブラウス(白)U110／HUIS

主婦／金子敦子さんとHUISの服

自転車に乗るときは
風をはらんでなびくシャツ。
軽やかなコーデなら
ぐんぐん進める！

クリーンな白シャツを着て 風を感じるのが楽しい

自転車の日は汗の乾きが速いコットンリネンの白シャツを。「シャツを着て自転車に乗ると、ふんわり風をはらんで楽しい気分になるんです」。パンツは強度のあるバフクロスをチョイス。

コットンリネン半袖ギャザーワイドブラウス（白）U111、バフクロスバルーンパンツロング（ライトグレー）506L／ともにHUIS

愛用のHUISの白シャツは77ページのU110と右写真のU111。「どちらも身幅がワイドなのに、生地が上質だから体に沿ってしなやかに落ち、自然と体型カバーできます」

主婦であり、ファッションブロガーでもある金子さんがＨＵＩＳの服に出会ったのは2年前のこと。カットソーブランド「余白yohaku」とコラボレーションしたギザコットンのTシャツを着て、着心地のよさに思わず息を呑んだそう。

「やわらかくて、本当に気持ちよくて！　つやもあるし、今までに着たTシャツとは明らかに違うのを感じました」

次に手にしたのが「バフクロスバルーンパンツ」。はいたときに驚いたのは、その軽さ。

「趣味の登山でウェアやザックが軽いと体が楽なのを実感して以来、普段から『身につけるものは1gでも軽くする』と決めています。軽いといえばシルクやアウトドア系の機能性素材だと思っていましたが、コットンパンツのあまりの軽さにびっくり。動きやすくて、体が喜んでいるのがわかるんです。ハリもあるし、丈夫で、すっかりとりこになりました」

「コットンは肌ざわりがそこまでよくないし、重いと思っていた」と金子さん。ＨＵＩＳのものづくりに興味を持ち、ポップアップショップに足繁く通ったり、インスタライブを見るように。シンプルなデザインだけでなく、旧式のシャトル織機で時間をかけて生地が織られていること、松下さんの遠州織物への思いを知り、ＨＵＩＳの服に魅了されました。次第に昔ながらの技術を残したいという気持ちも生まれたといいます。

「農産物は産地を確認して買うのに、服はそこまで考えたことがなかったし、ずっとデザイン重視で選んできました。今、服を買うときはどこで、どんな材料を使って、どんな人たちが作ったかに思いを馳せるように。糸の番手（太さを表す単位）による生地の違いもわかるようになったし、綿について知りたくなって種から育てたことも（笑）。原料や背景を知ったら、おしゃれへの考え方が大きく変わりました。今は究極の着心地が味わえる白シャツに夢中。今後もおしゃれを楽しみながら、産地を応援していきたいなと思います」

profile

Atsuko Kaneko

夫と娘の３人暮らし。ブログ「命短し恋せよ乙女★50代の毎日コーデ」やInstagram（@55akotan）で紹介する着こなしが人気。アパレルブランドとのコラボ服も手がける。著書に『新 大人の普段着 秋冬編』（主婦と生活社刊）ほか。

50代・163cm
画家／山口一郎さん

静岡・浜松で生まれた山口さんですが、「こんな素晴らしい、遠州織物が地元で作られていたなんて！」と驚き顔。着たら、その気持ちよさに感激し、作り手の生地と服への愛を感じたそう。

作り手の熱い思いが伝わる服、だから好き！

髪色に合わせて白とグレーでやわらかな印象に

「このシャツ、清潔感があって、すごくかわいかったから着てみたくて」と山口さん。髪色のトーンに合わせてパンツはライトグレーを選び、ニュアンスカラーコーデに。

やわらかコットンバンドカラーシャツ(白)005、〝HUIS×尾州〟ウールトロイージープレーンパンツ(ライトグレー)510／ともにHUIS

シンプルな白シャツは
すっきりした印象ながら、
着心地のよさにびっくり

画家／
山口一郎
さんと
HUIS
の服

大好きな〝エレカシT〞に
黒パンツでシャープさを

ライブペインティングの日はエレファントカシマシのライブTで。「ワンポイントの赤が好きなので〝エレカシT〞の中でも特別。パンツはシンプルですが、ブカッとしたシルエットがいい」

〝HUIS×尾州〞ウールトロイージープレーンパンツ(ブラック)510／HUIS

服を選ぶときに重視するのはシルエット。少し裾が広がったシャツ地のポロシャツは好きな一枚

シャツ+デニムでこなれ感のある日常着に

ゆとりのあるシャツ地のポロシャツはカジュアルときちんと感を併せ持つ一枚。「同じものを6本持っている」という山口さん定番のジーンズを合わせ、スニーカーで少し色を添えて。

オーガニックコットン長袖ポケットポロシャツ（ミストグレー）619／HUIS

画家／山口一郎さんとHUISの服

profile

Ichiro Yamaguchi

静岡県浜松市生まれ、香川県在住。セツ・モードセミナー卒業後、イラストレーターとして雑誌や広告の仕事に携わる。全国各地で個展を開催するほか、海外のギャラリーでも展示会を行っている。
Instagram：@ichiro8308

夏はグレーのTシャツに短パン、冬はグレーのスウェットにジーンズで、足元はサンダルかジョギング用のスニーカー。山口さんは画家として活動を始めた2007年頃に、同じものしか身につけないと決めたといいます。

「絵の学校に通っていた頃、まわりのおしゃれな人たちに影響されて古着が好きになりました。いろんな服を着てきて、今も服は好きですが、コーディネートを考えるのが苦手。そこに頭を使いたくないから、気に入った色と形を着続けることにしました。今はそれが一番似合っていると思います」

昔からモノトーンで、形やデザインの主張が強すぎないものが好み。中でもグレーは着ていて落ち着く色で、先日、HUISのグレーのシャツを購入したそう。

「遠州織物を織る様子を見学させてもらったのですが、あんなに時間と手間をかけて作られていると知ったら、買わずにはいられなかった。実際に着たら、肌心地のよさと着やすさに驚いて、松下さんの服への愛も感じました。自分の地元で世界的なブランドで使われる生地が作られているなんて知らなかったので、とてもうれしかったし、同時にずっと作り続けてほしいと強く思いましたね」

とはいえ「普段、シャツはあまり着ない」と山口さん。ライブペインティングのときにお気に入りのシャツを着ていたら絵の具まみれになってしまい、そのショックから着る機会が減ったのだとか。着るのは、個展でギャラリーに在廊する日。「画家っぽく、ちゃんとしてるふうに見せなくちゃいけないから」と笑います。

「この先も着る服は変わらないと思うけど、もう少しアイテムを増やしたいと考えていて。今日着たシャツがかわいかったから、春はHUISの白シャツにしようかな」

画家・山口一郎さん×HUISの初コラボ
数量限定の「レコードトートバッグ」がでました！

のびのびとした線で描かれる動物たちに魅せられ、ずっと好きだった山口さんの絵。念願叶い初のコラボが実現！　代表的な作品の中で特に惹かれたふたつのモチーフをレコードトートバッグに刺しゅうしました。

レコードトートバッグ

刺しゅうで描かれた「bluebird」(左)と「owl」(右)は、趣ある仕上がり。HUISのオーガニックコットンのシャツ生地を二重にした本体は耐久性も◎。持ち手は2種類ついていて、肩がけと手持ちの2ウェイ。カラーは山口さんセレクトで、さわやかなミストグレーとブルーグレー。

size 横43×縦43(内ポケット縦11.5×横22.5)

ジャズをレコードで聴くのが好きで、旅先ではいつもレコード店巡りを楽しんでいるという山口さん。「レコードトートバッグを作るのは初めてだから、僕もうれしいです」。描き下ろしのシャトルの絵(右)をプリントしたバッグと合わせて、現在オンラインショップとイベント、ショールームで販売中。

chapter

4 遠州織物のこと

浜松を中心とする遠州地方は日本三大綿織物産地のひとつ。地理的条件や気候、水資源に恵まれたことから、古くよりものづくりが盛んな地域として、高い技術を持つ職人が育つ土壌があります。その技術と職人志向は現在に至るまで脈々と受け継がれ、遠州織物が作られています。

遠州織物のこと ①

ふにゃふにゃの糸をぎゅうぎゅうに織る

イベント会場などでお客さまとお話ししていると、さまざまな声をいただきます。「ほかにはないやわらかな肌ざわりがいい」「とにかく軽くて、着ている感覚がないほど」「肌あたりは軽いのに暖かくて、一年中快適に着られる」「ほかの服と比べて、一日着ていたときの疲れ方が違う」「落ち感があって、ゆったりしたシルエットなのにすっきり見える」……。

　これらは実際に着てこそ感じていただけることですが、すべて「シャトル織機」によって織られた生地が持つ〝特別〟な機能性によるものです。HUISの生地は「細番手の糸をゆっくりと超高密度で織る」のが特徴ですが、現代の一般的なアパレル生地に使われている織機と比較すると、その特別さがわかると思います。

　HUISの生地を織る旧式のシャトル織機は、約40〜50年前に製造されたもの。現在は作られていない希少な機械です。「シャトル」という部品がよこ糸を運び、ゆっくり時間をかけて織られていきます。対して、現代の最新式の織機は「空気」でよこ糸を運びます。そのスピードは、目で追うことができないほど超高速で、一瞬で大量の生地を生産することができます。

　ふたつの織機で織られた生地を比べてみると、時間をかけて極めてゆっくり織り上げる旧式のシャトル織機は、よこ糸にテンションをかけないので糸に負担がかからず、ぎっしりと密度を高く織ることができます。わかりやすいイメージとしては、たっぷりの糸を〝ふにゃふにゃでぎゅうぎゅう〟に織った生地といえます。

　一方、最新式の織機は超高速で織るので、糸にテンションをかけざるを得ません。強い力で糸を張りながら、短時間で大量の生地を

が主流になります。一見わかりづらいのですが、たっぷりの糸を〝ふにゃふにゃでぎゅうぎゅう〟に織った生地と糸をギンギンに張った低密度の生地の肌ざわりと着心地のよさの違いは明らかです。

ほかにも、〝ふにゃふにゃでぎゅうぎゅう〟に織るメリットはいっぱい。細い糸で超高密度に織られた生地は軽いだけでなく、風を通しにくく、適度な保温性もあります。またしなやかなので落ち感があり、それによって美しいシルエットが生まれます。糸に負担をかけずに織ると丈夫な生地に仕上がるため耐久性がよく、使い込むほどに風合いが増します。さらに生地表面の凹凸感は肌あたりの軽さにつながります。着ている感覚がなく、ＨＵＩＳの服をずっと着ていても疲れないのには、こんな理由があるのです。

遠州織物のこと②

いい生地ってどんな生地？

生地の本質的な品質を決める要素は、主に「原料となる糸の品質」と「織機」のふたつ。糸は高品質であるほど生産できる地域が限られ、生育にも時間と手間がかかることから原価は高くなりますが、繊維長が細くて長いため、つやがあってやわらかく、丈夫な糸になります。

綿＝コットンの原料は綿花ですが、一口に綿花といってもさまざま。その種類は繊維一本一本の長さによって21㎜以下が短繊維綿、28㎜以上が長繊維綿、その中間が中繊維綿に分類されます。その中で35㎜以上と特に長い超長繊維綿は世界で収穫される綿のうち、たったの約1％！　一本一本の繊維が長いと、糸にしたときに表面から飛び出す繊維の先端部分も少なくなります。つまりシルクのように肌ざわりがよくて摩擦にも強く、型崩れしにくくなるのです。

そんな超長繊維綿から作られた極細糸を旧式のシャトル織機を使い、ゆっくりと織り上げるのがHUISの生地。古い織機ほど現存する数が限られるうえ、高い技術を持つ職人しか扱うことができません。なおかつ効率性を最優先して低密度で、高速で織る現代の一般的な織機と比べると、生地によっては20～30倍もの時間がかかります。その反面、糸に負担をかけずに織られるため、空気を多く含んで、ふっくらやわらかに。密度の高さから生まれる自然なシワ感もあります。素材を生かした〝すっぴん〟生地のHUISの服は、洗えば洗うほど風合いが増して、着る人にどんどんなじんでいきます。

細い糸を時間をかけて織り上げる超高密度な生地は、決して華美ではありません。でも、身にまとう私たちの暮らしを豊かにする〝いい生地〟なのです。

シャトル織機で織るHUISの生地

1. 糸の品質　高級糸

- ・繊維が細くて長い
- ・つやがある　・やわらかい

×

2. 織機・編機の種類　旧式でゆっくり

- ・旧式でゆっくり　・ゆるく糸を運ぶ
- ・やさしい肌ざわり　・立体的な風合い

＝

軽い、やわらかい
立体感のある豊かな風合い
素材感そのままのすっぴん生地

遠州織物のこと ③

「27kmの糸」とは?

春夏シーズンで、毎年、人気が高いのが「ゆるふわコットン」を使ったアイテム。ゆるふわコットンは100番手の糸を超高密度で織り上げた、軽やかさとしっかり感のある生地です。100番手の糸は超極細で、イベントなどで実物をご覧いただくと、ほとんどの方がその蜘蛛の糸のような細さに驚きます。通常、これだけ細い糸を織ると、透き通るような透け感がある生地に。一方、HUISの「ゆるふわコットン」は、透け感ができるだけ少なくなるように限界まで密度を高めて織っています。

極細糸を高密度で織り上げるためには、一般的な生地では考えられないほど長い時間と糸の長さが必要。いったいどれだけの糸が使われているのかというとHUISのブラウス一枚には、100番手の糸が約27km織り込まれています。27kmといってもイメージしづらいですが、糸をまっすぐ伸ばすとちょうど東京ドームを3周半、だいたい東京駅から横浜駅までの距離に相当します。ブラウス一枚にこんな途方もない長さの糸が織り込まれているのです。

写真の「ゆるふわコットンスカート」に織り込まれている糸はブラウスより長い約40km! 薄く、しなやかなので春夏向きですが、重ね着にも最適で、秋冬はペチコートとしても重宝します。

ここからは、ゆるふわコットンのほかにHUISで人気の高い生地を3つご紹介します。

◉HUISで人気の希少な遠州織物

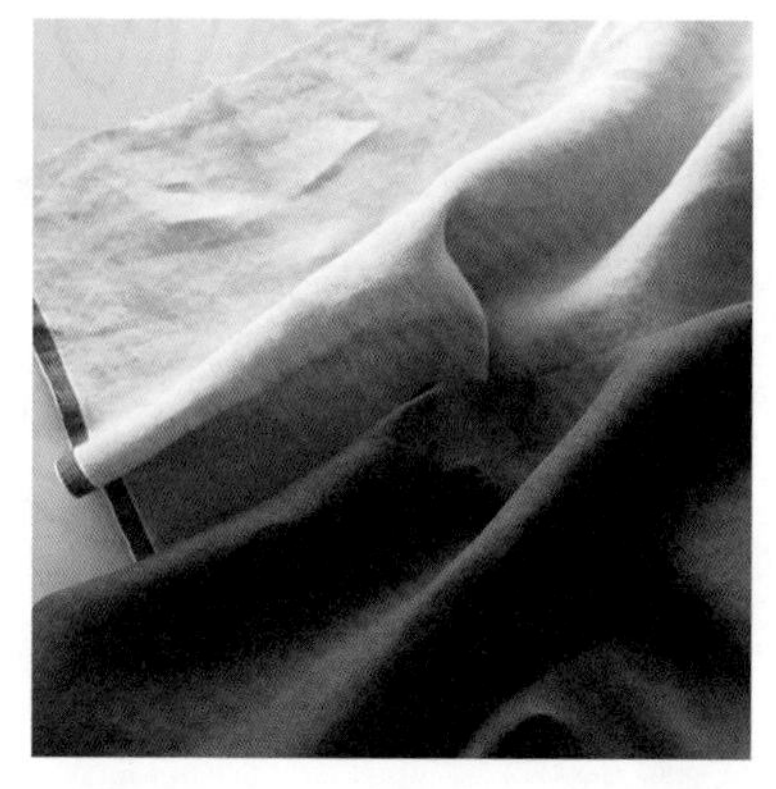

シャトルリネン

立体感があり、
やわらかな
風合い

遠州は高級綿織物だけでなく、麻(リネン)織物の生産量も多い地域。旧式の織機で織る麻は高品質なので、繊維・アパレル業界ではよく知られています。HUISのシャトルリネンはフランス・ノルマンディー地方で生産された原料からできた、ネップ(節)やムラの少ない高品質なリネン糸をシャトル織機を使い、糸に遊びを持たせてゆっくり織り上げています。そうすることで立体感のある風合いや高い耐久性が生まれ、使い込むほどやわらかな生地に。

一般的にリネン100%の服は高いといわれますが、それはさまざまな品種があって品質の差が大きいコットンと違い、品種が少なく、品質の差が小さいから。またコットンのように大きく価格を抑えた原料がないので、安価な生地を作ろうとしても限界があるのです。シャトルリネンは一般的に流通しているリネンよりさらに高価なため、通常は海外のハイブランドなど、限られた商品にしか使われていません。

◉HUISで人気の希少な遠州織物

遠州織物のこと
③

シャトルコーデュロイ

丈夫なのに驚くほどのしなやかさ

コーデュロイは表面にループを出して織る専門的な製法で作られ、さらに織り上げた後にカッチング（ループをひとつひとつ切断する工程）を行います。カッチングにも時間と手間がかかり、職人の熟練した技術が必要。日本で流通しているコーデュロイのほとんどは海外産である現在、遠州は国内で唯一のコーデュロイ産地ですが、維持し続けるには大きな苦労があります。遠州でもシャトル織機を使って織る機屋さんは1軒のみ。HUISで扱うシャトルコーデュロイは世界的にも極めて希少な生地といえます。

　シャトル織機はたて糸を大きく開口させてシャトルを運ぶため、ほかにはない立体感のある豊かな風合いに。また時間と糸量を贅沢に使って作られるシャトルコーデュロイは、超高密度になるため耐久性が高く、コーデュロイの欠点である「抜け」や「はげ」が起こりにくいので、美しい毛並みが保たれます。堅牢性がありながらしなやかさとやわらかさがあるので、パンツのはき心地もひと味違います。

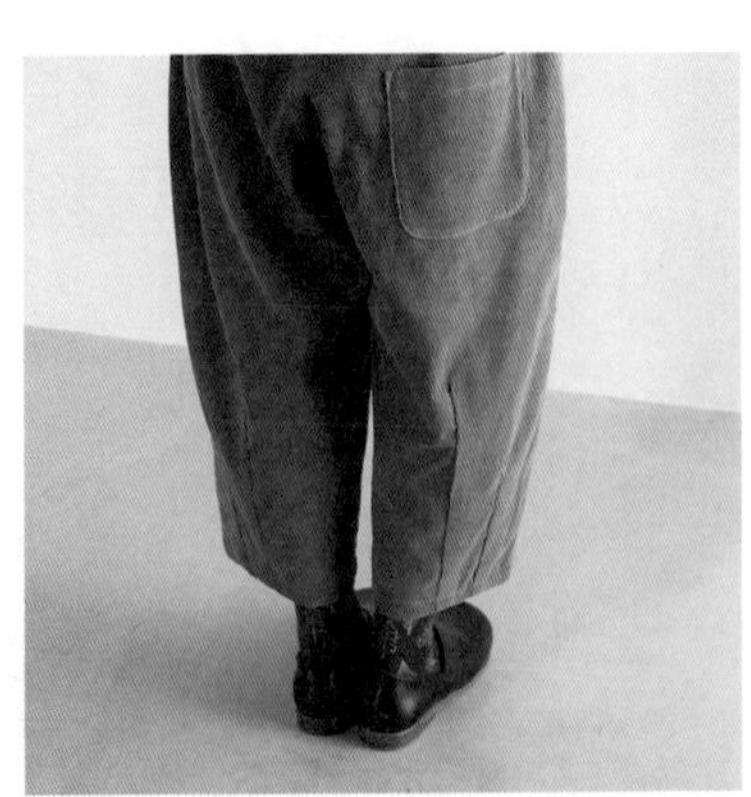

まるで
羽根のように
ふんわり軽い

ウォッシャブル ウール

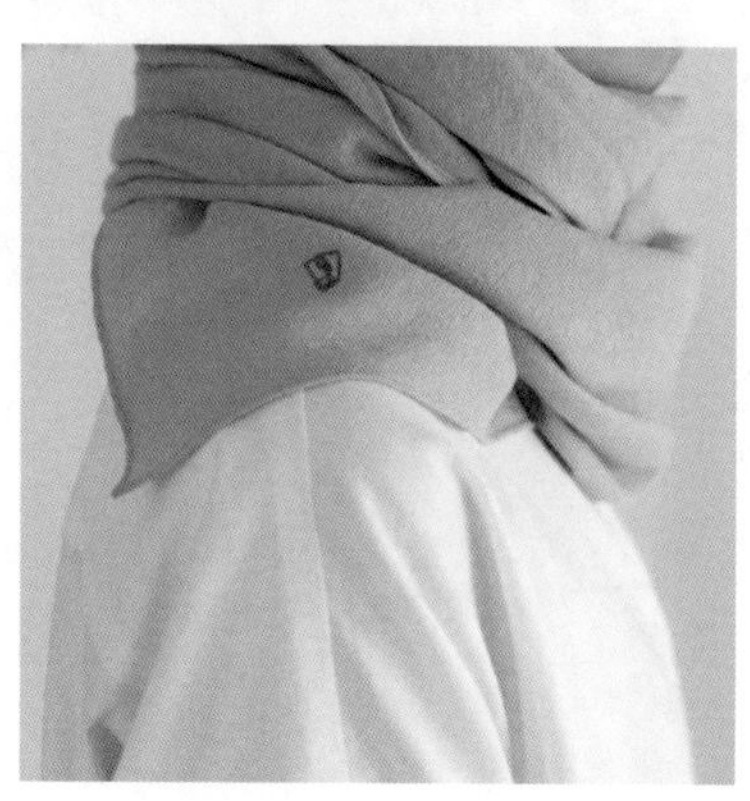

「薄くて軽いのに、何でこんなにしなやかで暖かいの!?」と驚かれることが多いウォッシャブルウール。暖かさはウール100％の素材が持つ保温性によるものですが、しなやかさは最高級のウール糸をシャトル織機でゆっくり織り上げているから。ウール特有のチクチクやゴワつきがない、しなやかな生地になります。さらにシャトル織機によって生まれる凹凸感のある風合いは、保温性をいっそう高めます。

ウールには洗濯によって縮むというデメリットがありますが、ＨＵＩＳのウォッシャブルウールは家庭での洗濯が可能。繊維の表面にあるケバを特殊なプロテイン成分で覆うことで、洗濯によって繊維同士がからみ合うことがなく、縮みや毛玉の発生が起こりにくくなります。

以前、ウール糸を作っていた紡績会社が事業を閉鎖したため、一時生産を中止しましたが、自社で一から糸の企画・開発に取り組みました。現在は、ＨＵＩＳしか作ることのできない新たなウォッシャブルウール生地となっています。

織り傷や染めムラなどがないかを確認する検反は2回行う。2回目の「見直し検反」の作業中。

遠州織物の機屋「古橋織布」を訪ねて

浜名湖にほど近い雄踏町(ゆうとうちょう)にある「古橋織布」は今年で創業96年になる機屋さん。デジタル化が進む今もなお、旧式のシャトル織機を使って生地を織り続けています。HUISはこの特別な生地に出会ったことで始まったといっても過言ではありません。

初めて「古橋織布」に伺った日は、織機が所狭しと並ぶ様子とカシャン、カシャンという織機の迫力のある音に圧倒されました。同時に、織り子さんたちが黙々と作業する様子に神聖さを感じたのを覚えています。あれから10年、職人の方々と少しずつ対話を重ねて、織機や織物について知れば知るほど、そのすごさを実感します。

「古橋織布」がすごいのはシャトル織機を使っているだけでなく、織機を独自に改良して、ほかでは織れない生地を作っていること。織物はたて糸とよこ糸からできて

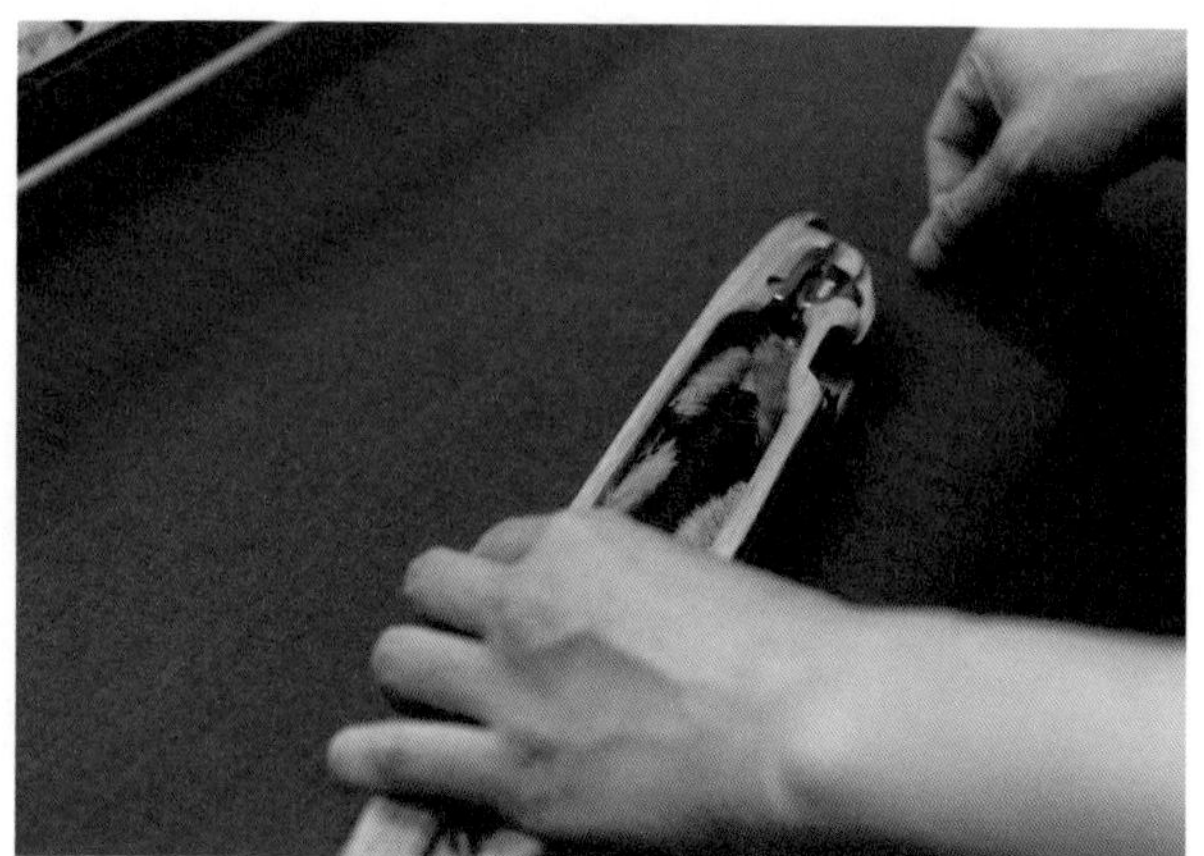

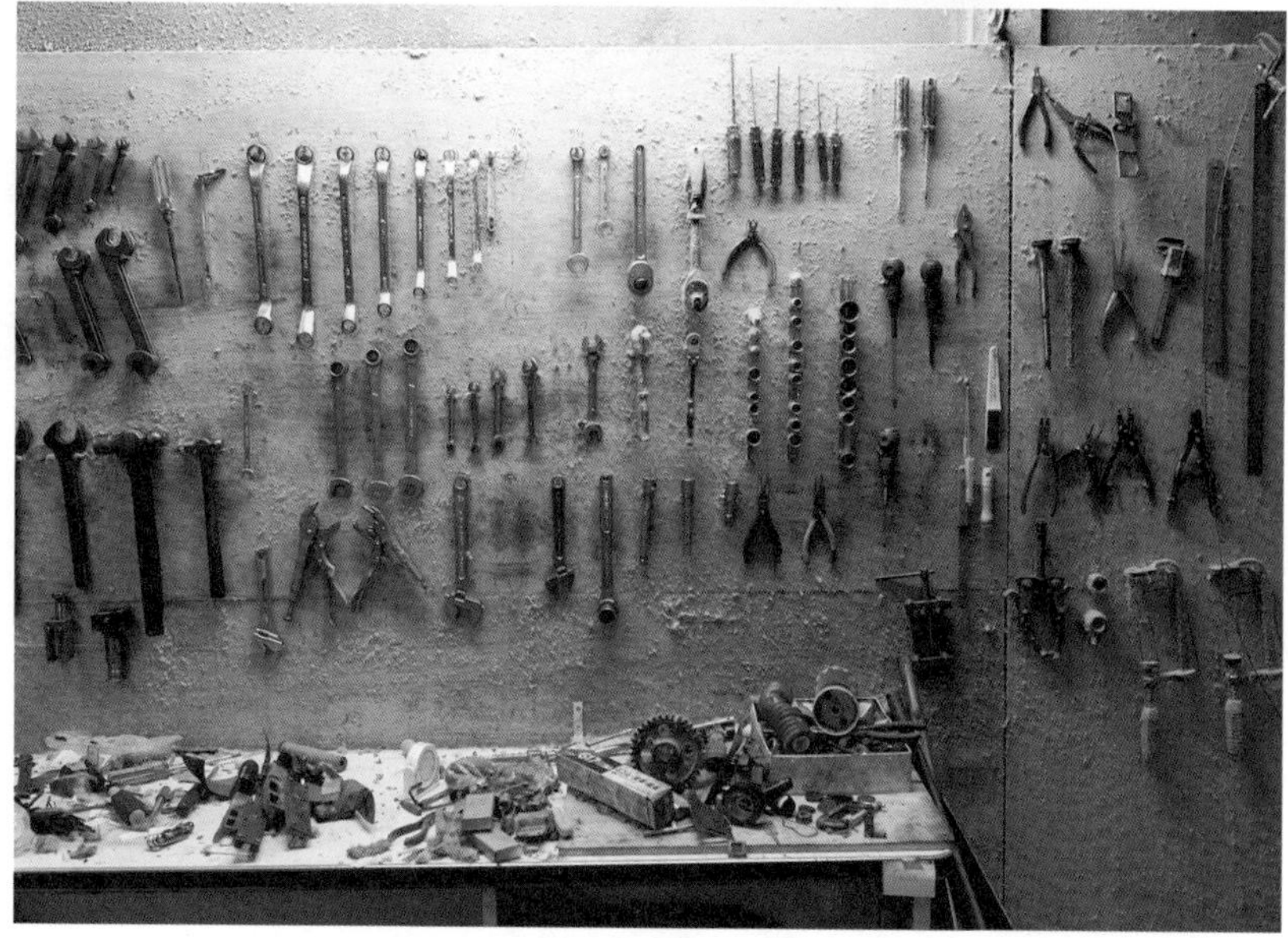

1 | 2
3 | 4
5

（1）「古橋織布」にあるシャトル織機は20台。今は作られておらず、部品も手に入りにくくなっているので、メンテナンスをしながら大事に使っているそう。（2）たて糸の間を何度も行き交い、よこ糸を通す役割を担うシャトル。中央によこ糸を巻いたボビンが入っている。（3）3年前に事業継承した4代目社長の古橋佳織理さんと。（4）職人さんは現在4名。（5）織機のメンテナンスに使うあらゆる道具が壁一面に。

遠州織物の機屋「古橋織布」を訪ねて

いますが、織機に設置したたて糸の間をシャトルという道具がよこ糸を運ぶことで生地ができあがるのがシャトル織機の仕組みです。シャトルが通る分、シャトルを使わない現代の織機より開口（かいこう）（たて糸とたて糸の間のよこ糸が通る空間）が大きいのが特徴のひとつ。「古橋織布」は従来のシャトル織機より開口が大きく開いているため、たて糸は波を打つように織り込まれ、よこ糸はつぶれずに断面は丸いまま。ほかにも限界を超えた高密度の生地を織れるようにするなど、価値を高めるための改良を続けています。そうした数々の取り組みが、軽く、独特な風合いとやわらかな質感を持つ唯一無二の生地を生むのです。

　時間と手間をかけた生地に見合う価値をつけて売るため、前社長の古橋敏明さんは、国内外の展示会に直接出展。その特別な風合いが高く評価され、次第に海外のハイブランドにも採用されるように。現在、社長を務める娘の佳織理さんは機屋の仕事に大きな関心はなく、輸出に強みを持つメーカーで海外営業の仕事をしていましたが、実家の生地が名だたるブランドに採用されていること、東京出身の若い女性が熱望して入社したことなどを知り、あらためてその魅力に気づいたといいます。入社後は先代がこだわり続けたものづくりの土台は守りつつ、生産管理体制を整えて、半分近かった生産稼働率をフルに立て直したそう。

　機屋さんのほかにも織物製造には産地内の数多くの工場や職人さんが関わっていて、それぞれがバトンを渡すことで生地ができあがります。でも低賃金や後継者不足などで廃業が後を絶たないのが現状。産地を守るためにHUISも力を合わせていけたらと思います。

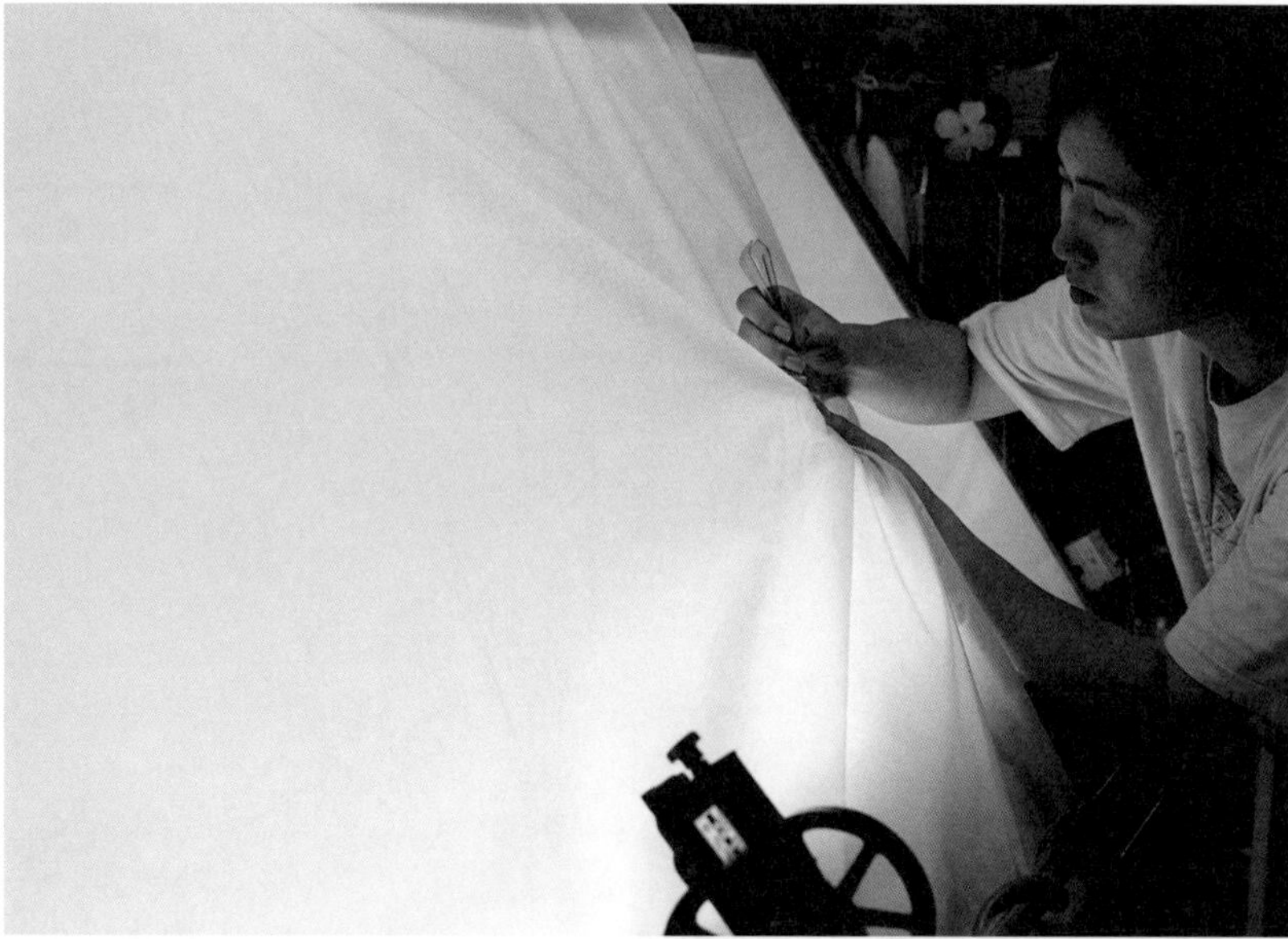

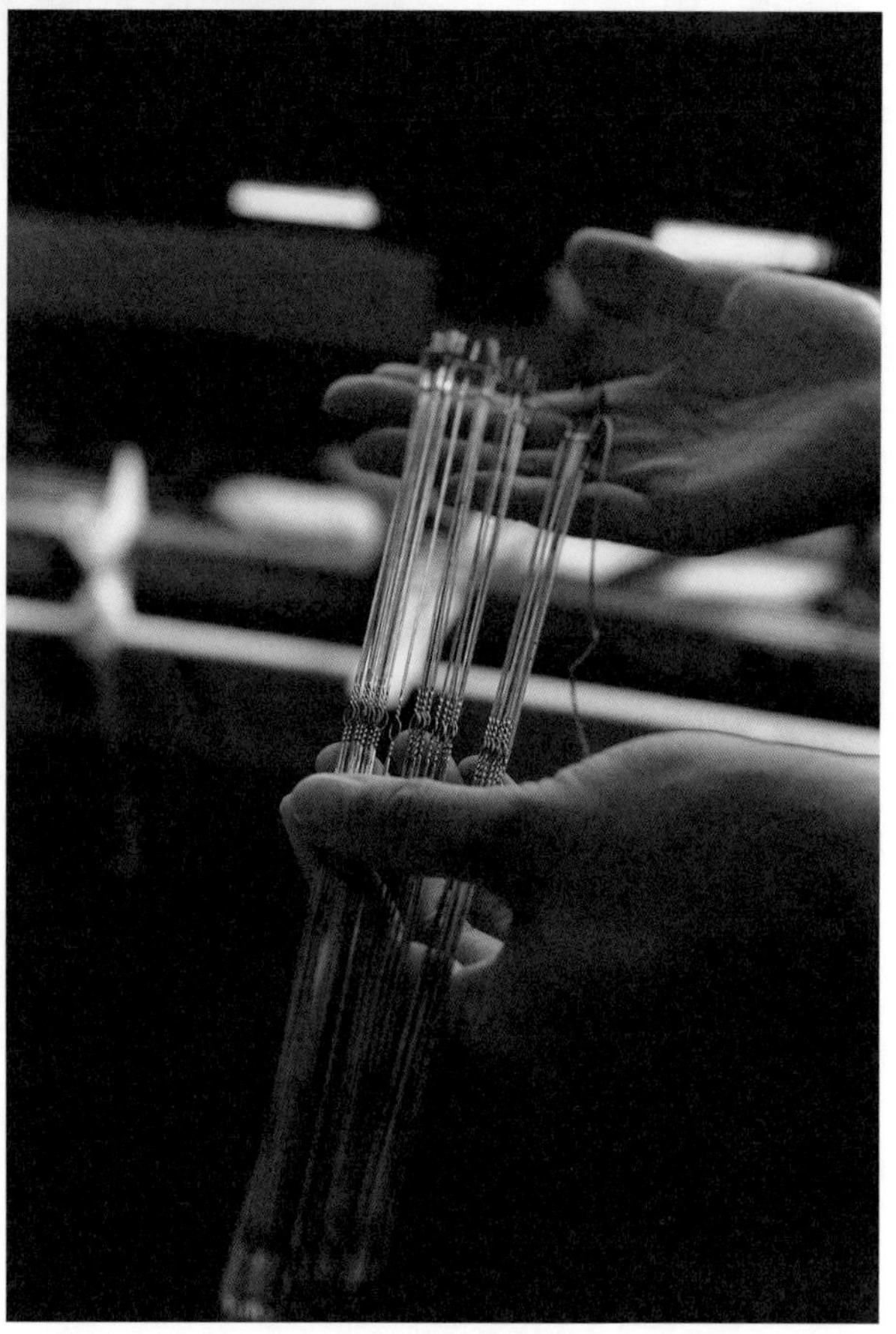

1

2 | 4

3

（1）織り上がった生地はトレース台のような専用の台に広げ、裏側から光を当てて検反する。（2）布の仕上がりに合わせて数千本のたて糸を1本ずつ、手作業でドロッパー、綜絖、筬という部品に通す「へ通し」という作業を終えた後の種糸。（3）部品のストックは棚に。（4）織機の部品のひとつである綜絖。「へ通しは専門の職人が行いますが、通す場所や順番を間違えると生地に傷ができるので気が抜けません」

遠州織物のこと
⑤

遠州地方いま、むかし

遠州地方は天竜川の豊かな水と温暖な気候によって、古くから綿花の産地として栄えてきました。江戸時代に綿花を栽培する農家が自給自足で始めた手織による綿織物が市場に出回り、遠州木綿として高い評価を得ます。明治時代に入り、豊田佐吉（現トヨタグループ創業者）が小幅力織機を発明し、遠州織物が産業として飛躍するきっかけをつくります。昭和5年、鈴木道雄（現スズキの創業者）が広幅を織るサロン織機を発明。綿織物の生産量は飛躍的に増加していきました。この自動織機の技術を生かしてのちに自動車開発が行われます。シャトル織機は世界に誇る日本の技術力の原点であり、遠州はその発祥の地なのです。

　繊維産業が発達したことで原料の糸を作る紡績会社が集まり、かつては日本の「十大紡」と呼ばれた大手紡績会社すべてが浜松市にありました。遠州の機屋は高品質の糸を使い、いかに特徴ある生地を生み出すかに頭をひねり、切磋琢磨して技術を磨きました。

　近年、アジアを中心とした安価な海外製品の輸入が増え、低価格の衣料品が手に入りやすくなった一方で、国内の繊維産地は大きな打撃を受けることに。でも遠州は大量生産で対抗する道は選ばず、いっそう付加価値の高い素材の開発を目指しました。これは昔ながらの織機と職人の高い技術に重きを置いて実直に生地を織り続けるという信念によって開かれた道。そうして今や遠州織物は、品質に徹底的にこだわり抜く国内外の有名ブランドが世界中を探してたどり着くほどの存在になったのです。

遠州織物ができるまで

遠州産地は昔から分業制が確立されていて、それぞれの工程を高い技術力を持った職人が担当。糸を染めてから生地を織り上げ、遠州織物ができるまでの工程をご紹介します。

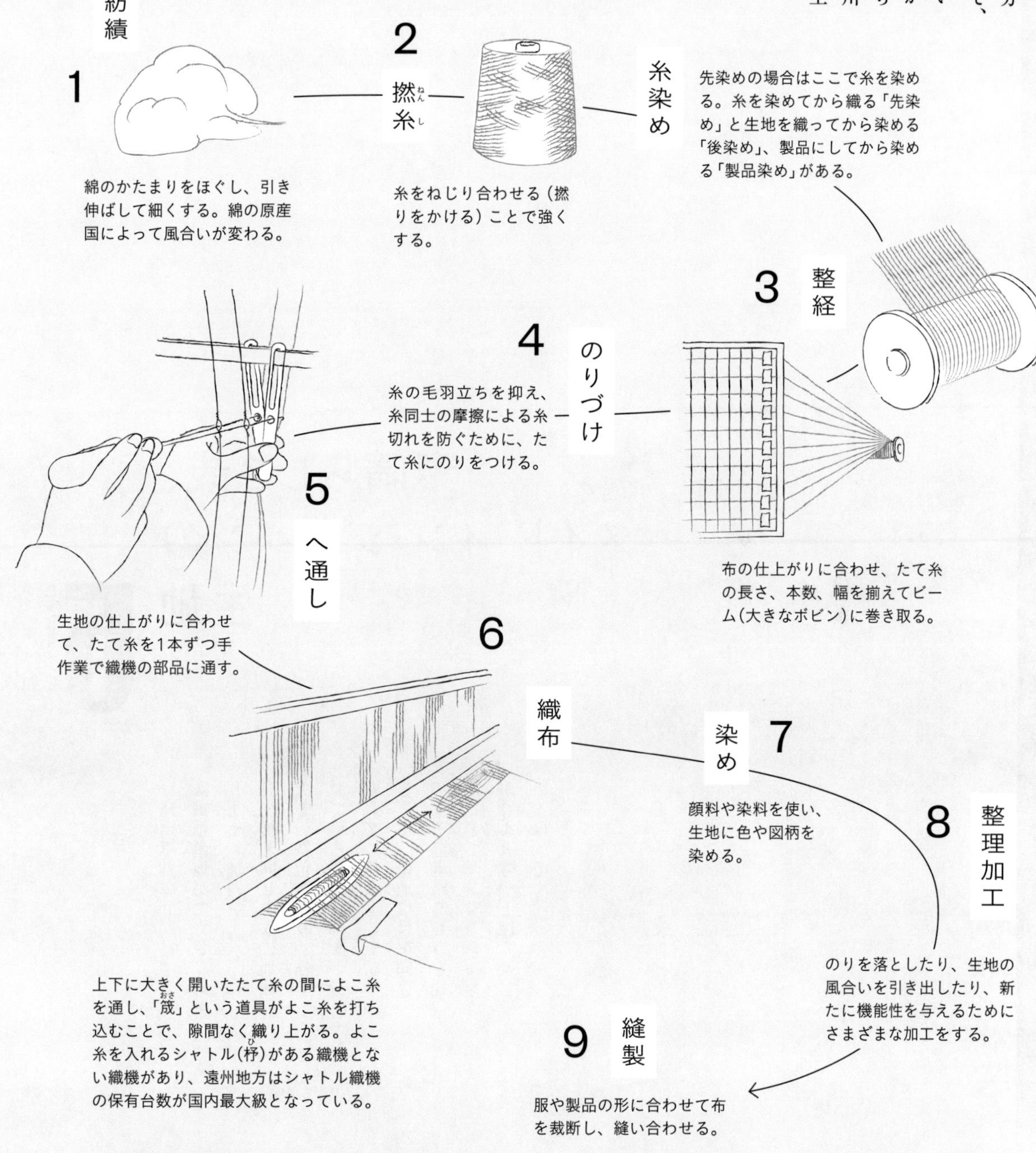

1
紡績
綿のかたまりをほぐし、引き伸ばして細くする。綿の原産国によって風合いが変わる。
2
撚糸
糸をねじり合わせる（撚りをかける）ことで強くする。
糸染め
先染めの場合はここで糸を染める。糸を染めてから織る「先染め」と生地を織ってから染める「後染め」、製品にしてから染める「製品染め」がある。
3
整経
布の仕上がりに合わせ、たて糸の長さ、本数、幅を揃えてビーム（大きなボビン）に巻き取る。
4
のりづけ
糸の毛羽立ちを抑え、糸同士の摩擦による糸切れを防ぐために、たて糸にのりをつける。
5
へ通し
生地の仕上がりに合わせて、たて糸を1本ずつ手作業で織機の部品に通す。
6
織布
上下に大きく開いたたて糸の間によこ糸を通し、「筬」という道具がよこ糸を打ち込むことで、隙間なく織り上がる。よこ糸を入れるシャトル（杼）がある織機とない織機があり、遠州地方はシャトル織機の保有台数が国内最大級となっている。
7
染め
顔料や染料を使い、生地に色や図柄を染める。
8
整理加工
のりを落としたり、生地の風合いを引き出したり、新たに機能性を与えるためにさまざまな加工をする。
9
縫製
服や製品の形に合わせて布を裁断し、縫い合わせる。

素晴らしき哉、メイド・イン・ジャパンの生地

chapter 5

遠州以外にも、日本には繊維産地がたくさんあります。調べてみると、農産物と同じように地域ごとの特色があり、作られている生地の種類が分かれていることに気がつきます。産地に目を向けて、その素晴らしさを知ることで、ファッションが今よりもっと深く楽しめるはずです。

生地は農産物と同じ

遠州織物は遠州地方で生まれた生地のこと。ＨＵＩＳをきっかけに遠州織物を知ってくださる方は増えていますが、ファッションにおいて〝産地〟という言葉は、多くの方がしっくりこないと思います。

国内の繊維産地は地域ごとの資源や環境などの特色を生かして、長い間、技術を育んできました。その多くは世界的に極めて高い技術を持ち、素晴らしい生地が作られています。本来なら農産物や水産物のように広く知られてもおかしくないのですが、繊維産地についてはあまり知られていません。なぜでしょう？　その理由はアパレル業界の特性にあるのです。

ファッションは、素材そのものの価値よりもデザインや見せ方が尊重される世界です。それ自体はとても文化的で尊いことです。だからこそ魅力的でこれほど大きな産業になっているのでしょう。裁断、縫製、色、デザイン……。ビジュアルが決め手となるからには、流通において中間業者をたくさん介することになり、〝素材そのものの価値〟の情報はどんどんと薄まっていきます。どの国で、どの産地で作られた生地か、という情報すら、流通の途中で消えてなくなってしまうのです。そして素材の価値の情報が薄くなるのであれば、洋服に使われる生地は海外で効率よく生産できる安価なものに置きかえられていくということが、実際、自然なことなのです。

農産物も繊維産地と同様、その地域の環境に合うものが特産品になります。例えば浜松市は日照量が豊富で、地域内に地形や土質が異なるさまざまなエリアがあり「国土の縮図」といわれるほど。海岸に面した地域は温暖な砂地で、明治時代から玉ねぎ栽培がさかん。一方、水はけがよく、やせた土地が広がる山間地ではおいしいみかんが育ちます。こうした特産品の生産や流通、ブランド化には各地域に根付く農協が大きな役割を果たしてきました。農作物に、洋服のようなデザインディレクションは不要です。中間に関わる人たちが、常に○○産という情報とともに、流通させていきます。そのおかげで、私たちは味とともに地域性も感じて、豊かな食文化を享受することができるのです。

国内の繊維産地の中で比較的知られているのは、今治のタオルや岡山のデニムなど。その理由のひとつは、生産品が最終製品に近いものだからだと考えています。こうした中で、中間財である遠州織物のような産地が知られるようになるためには、流通の中にいる僕たちのような人間が、産地の価値ある情報を発信することが鍵だと思っています。

1 | 2 | 3

（1）浜松市で作られる白玉ねぎは肉質がやわらかく、みずみずしくて、辛みが少ないのが特徴。生でも食べやすい。（2）遠州地方では江戸時代中期から綿花栽培がさかんに。（3）みかんは浜松市の代表的な果物。甘味と酸味のバランスがいい三ケ日（みっかび）みかんは全国的に知られている。

素晴らしき哉、
メイド・イン・
ジャパンの
生地 ②

もっと知りたい 日本の繊維産地

ＨＵＩＳを立ち上げて数年たった頃から、全国の百貨店などで開催するイベントに出店するように。そこで出会ったブランドの方々と交流するうちに、遠州以外の産地について知るようになりました。初めて産地をテーマにしたイベントに出店したのは、２０１７年に行われた「もんぺ博覧会」。福岡の久留米絣を「ＭＯＮＰＥ」にしてブランド展開している「うなぎの寝床」さんが企画した催しで、遠州発のブランドとして呼んでいただきました。久留米絣は着物で名高い生地ですが「日本のジーンズ＝ＭＯＮＰＥ」というコピーで新たな価値を提案していて、当時から〝産地発〟として有名なブランドでした。ほかにも愛知県一宮市は尾州織物という高品質のウール生地の産地、兵庫県西脇市（播州）は遠州と並ぶ綿織物の産地だと知りました。

日本には繊維産地が数多くあります。太平洋に面した綿織物の産地は温暖で日照量が多く、綿花が育ちやすい地域。一方、内陸部は絹織物、北陸は合成繊維と、気候条件を基にした分布なのがわかります。こうした産地を知り、訪れることで新たなファッションの楽しみ方ができるはずです。

ただ服のタグに書かれた「Made in Japan」は「生地から縫製まで日本で作られた服」を意味するものではありません。これは最終縫製地のみを指すもの。消費者にはどこで作られた生地を使っているかを確認する方法はないのです。世

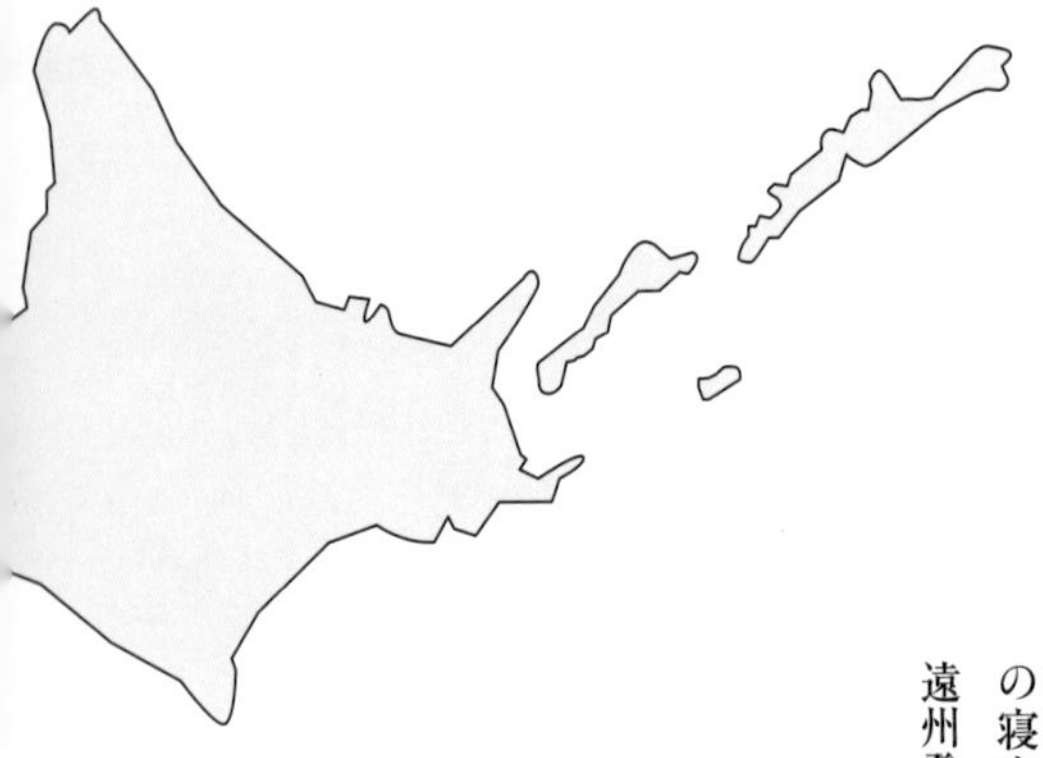

山形県
【米沢】絹織物、合繊織物

群馬県
【桐生】絹織物、合繊織物

栃木県
【足利】絹織物、レース織物

東京都
【墨田】ニット

界中のアパレル製品はこのルールの上で流通しています。そのため「Made in Japan」の表示がある服の多くは、安価な海外産の生地を仕入れて国内で縫製されたもの。ある統計では近年、国内に流通しているアパレル製品の約20％が「Made in Japan」と表記されていますが、そのうち実際に「日本産の生地」を使って「日本で縫製」した服は1％未満といわれています。

洋服の生地だけでなく、和装用の生地、タオルのような生地から資材用まで、日本国内には本当に特色ある繊維産地が分布しています。高い技術によって生まれる、ほかにはない着心地や複雑な織り柄など、職人が手間を惜しまずに作る唯一無二の生地が残っています。衣服の低価格化が進む中、それぞれの技術＝強みを生かし、押し寄せる海外産の生地と戦ってきた歴史がこの繊維産地の分布に表れているのです。

素晴らしき哉、メイド・イン・ジャパンの生地 ③

和歌山生まれの「HUIS in house」のカットソー

「HUIS in house」は高級カットソー生地の産地・和歌山県で生まれた生地を使ったシンプルなニットレーベル。受け継がれた職人の高い技術によって編まれています。「HUIS in house」が生まれたきっかけは、お客さまの「HUIS が作る、気持ちのいいTシャツやカットソーが着たい」という声から。遠州は織物しか作っていないので、ほかを探すしかない。最高の生地で作るなら、おのずと和歌山一択になりました。和歌山は丸編みニット生地の生産量で国内1位を誇り、伝統的な技術で編まれた生地は国内外の高級ブランドでも使われています。丸編み生地とは円筒状の丸編み機で編まれた編み物のことで、Tシャツやカットソー、下着などに用いられます。

遠州織物＝最高級のシャツ生地を使うHUISが作るニットレーベルとして、素材も最高峰のものでなければならないという自負がありました。

「HUIS in house」の生地に使われているスビンコットンは世界最大の綿花生産地であるインド産。高級糸とされる超長綿の中でも世界最高峰の繊維質を持つ希少な高級綿で「綿花の王様」「インドの誇り」といわれています。特徴は繊維質が細く、長く、強いこと。糸自体がシルクのようなつやとカシミヤのようなやわらかさを持ち、撚り（強く繊維をねじり合わせること）をかけなくても強度を持つため、甘撚りの糸を使って丈夫な生地を生み出すことができます。撚りは甘ければ甘いほどやさしい風合いになるので、繊維の一本一本がわかるような繊細なやわらかさが感じられます。

「HUIS in house」では遠州と同様、日本の職人の技術を製品を通して伝えていけたらと考えています。

（1・2）世界における年間綿花生産量約2600万トンのうち、スビンコットンはわずか200トン。0.00001%の希少な高級綿。（3）誰にでもなじむベーシックなデザインに仕上げて。（4）和歌山でのニット生産の歴史は明治時代にスイス製丸編み機を導入したことから始まった。

1｜2｜3
｜4

素晴らしき哉、メイド・イン・ジャパンの生地 ④

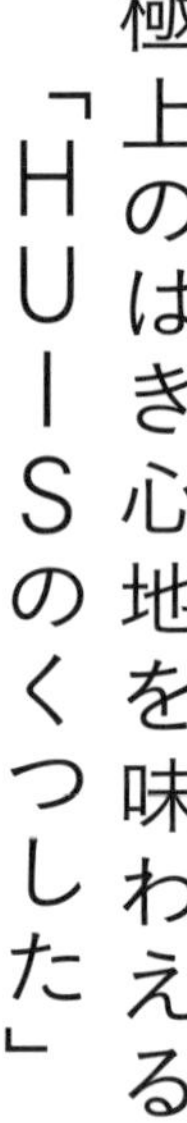

極上のはき心地を味わえる「HU-Sのくつした」

夫婦ともに靴下が好き。だから「HUISのくつした」を作りたいという構想は、かなり前からありました。でも作るなら「HUIS in house」と同じように、遠州織物で作るシャツのような最高品質のものを。そう、強く思っていました。

現在、靴下生産の編み機の主流は高速型の「K式シングルシリンダー」。シングルシリンダーは複雑な柄を作ることができ、コンピューター制御で効率よく生産できます。一方、職人の手作業を多く必要とする旧式の「ダブルシリンダー」で編む靴下は、シャトル織機で織るシャツ生地と同様にとても非効率。でも特別なはき心地や耐久性など、多くの機能性を備えています。ただ現存するダブルシリンダーは太い糸を使って少ない本数で編むので、地厚の靴下しか作れないものがほとんど。また多くは柄を編むことができません。季節を問わずはける薄さで、足元を彩る柄物の靴下を編めるダブルシリンダーは、靴下産地でも見つけられませんでした。

数年間、探しに探して出会ったのが、岐阜県関市の老舗靴下工場。1970年代の巻き取り式ダブルシリンダーはミドルゲージ（中厚の生地）を編むことができ、ジャカード編みもできる希少な編み機でした。複雑な調整とメンテナンスを重ねて「決して途絶えさせてはならない」と大切に使われてきたものです。低速で編み立てるので、ふっくらやわらか。また上目と下目のふたつの針で編まれるため、自然なリブと立体感を持ちます。生地そのものが伸縮性に富み、足をふわりと包み込むうえ、はき口の美しさとフィット感も格別。ぜひ職人の手仕事による極上のはき心地を試してみてください。

素晴らしき哉、メイド・イン・ジャパンの生地 ⑤

軽くてやわらかな尾州のウール

愛知県一宮市を中心とした尾州地域は日本一のウール産地。イギリスのハダースフィールド、イタリアのビエラと並ぶ、世界三大毛織物産地といわれています。

遠州は綿織物の産地なので春夏アイテムが中心。そのため秋冬に着られる最高品質のものを求めて行き着いた、尾州のウール素材のアイテムを作るようになりました。繊維が細くしなやかな最高級のウール系で作る尾州のウール生地は軽く、やわらかくてチクチクしない。ウール糸の品質はどんな羊から刈り取られたかで決まります。一般的に体の小さな羊から刈り取られた毛ほど細く、なめらかで肌ざわりがとてもよい。こうしたウールを厳選しているのです。

写真のコートは、尾州で織られた縮絨ウールフランネル生地。水と熱を加えてもみ込み、縮ませることで、ウールにいっそうの強度と保温性を生み出しています。尾州の技術によって生まれた生地は抜群のやわらかさとウールとは思えない軽さが特徴。またこの生地は使われなくなったウールを集めて再生するリサイクルウールを使用。現在、天然素材は資源の減少が続き、原料価格も高騰しているため、今ある貴重な資源を可能な限り維持していくことが必要です。尾州産地では古くから羊毛再生の文化があり、使わなくなった衣類を集めて職人がひとつひとつ仕分けし、反毛（生地をわた状の原毛に戻すこと）して再び生地に生まれ変わらせています。

シャツやパンツが人気のウールトロ素材も同じリサイクルウールを使用。暖かな紡毛糸をあえて薄く、軽く織り上げることで、暖かさを持ちながら、軽くて着心地も抜群。サラリとした平織生地で、きちんと感も楽しめます。

棚田で育てる綿花プロジェクト進行中

2023年春から始まった「久留女木(くるめき)の棚田×遠州織物プロジェクト」は浜松市久留女木の棚田で綿花栽培をするプロジェクト。山の斜面に段々と並ぶ棚田は太陽の光がたっぷり注がれ、作物にとっていい環境です。HUISのものづくりは「自らが職域を広げるのではなく、その分野の専門家と連携してよりよいものを作る」という考え方。今回は地元農家の方々に綿花を栽培していただき、紡績して糸に仕上げ、遠州織物を作る予定です。たくさんは採取できないので久留女木の綿100%の糸を作るのは難しいのですが、紡績工場さんの協力で、この綿が混紡された糸を紡績できる見込みが立ちました。

HUISの生地はすべて最高級の綿糸を用いて作られていますが、綿花の多くは発展途上にある国々で栽培されるため、私たちが手にできる価格で流通しています。一方、日本国内で綿花を作る場合は必然的に高価となり、今回手がける糸も通常より高くなるため「従来製品より生地品質は下がるのに価格は高い製品」ができることに。このプロジェクトは作る製品にクオリティの高さを求めることが目的ではありません。「最高品質の生地ではないのに高価な服が従来のHUIS製品と並んでいる」ということが、いろいろな気づきにつながればと考えています。

最盛期には1000軒以上あった機屋さんも、今ではわずか数十軒と縮小の一途をたどっている遠州。でも若い担い手や産地を盛り上げようと動く人たちがいることは大きな希望です。今残る大切なものを守るためには、産地とお客さまが本当の意味で循環するビジネスが大切だとHUISは考えています。

健やかなアパレルビジネス

chapter 6

HUIS.

HUISの服が低価格である理由

HUISは産地発ブランドとして生地を直接仕入れられることから、最高品質の生地を使いながらも価格を抑えられるのが強み。繊維業やアパレルのことをよく知る方ほど「この品質の生地を使っているのに、なぜこの価格で展開できるのか」を疑問に思われて質問を受けるのですが、生地の仕入れ以外に、既存のアパレルブランドより低価格で展開できる大きな理由があります。それは、固定費を排除すること、消化率100%の運営をすること、広告費を削減することです。

お客さまからはよく「なぜ常設のお店を出さないんですか」「いつでも商品を見られるようにしたい」という声をいただきます。心苦しい気持ちもありますが、店舗を構えると、年間を通して運営するための賃料や人件費のコストが極めて大きくなってしまう。そして、商品価格に大きく反映されてしまいます。

HUISではオンラインストアでの販売を中心にすることで、価格を抑えた商品展開を実現しています。また、ご注文いただくお客さまのおかげで価格を維持し、遠州織物の素晴らしさを伝えることができています。ただ実際に試着して素材感やシルエットを味わったり、袖を通した瞬間の感動を共有したり、身につけて出かけた姿を想像したりするのは、衣服ならではの喜び。こうしたオンラインだけでは補いきれない部分を補完するリアルイベントをさまざまな地域で行っています。また全国に数店あるショールームは、私たちの取り組みに共感していただいているパートナーショップさんにご協力をいただいているもの。今の時代に合った、今の時代ならではの価値ある商品の届け方だと思っています。

季節が移り変わるごとに、服は私たちに多くの喜びや楽しみを与えてくれます。あらゆる素材やデザインの服を暮らしに取り入れるのは、とても豊かなこと。日々の暮らしを彩り、ひいては文化を形作っていく。私たちが扱っている服とは、そんな特別な存在だと考えています。

これからもさまざまな方法を模索しながら、少しでも多くの方にHUISの服をお届けしていきたいと思います。

1 生地産地における生地の直接仕入れ

通常、アパレルブランドでは、複数の仲介業者を経て商社や生地メーカーなどから既製の生地を仕入れるのが一般的。一方、HUISでは、産地内における機織り現場において企画から行うほか、機屋さんから直接、仕入れをしているため、流通における中間コストを大きく削減することができます。

2 固定費を徹底的に排除したブランド展開

多くのアパレルブランドは、各地に自社の店舗を設けて展開を広げていきます。そのため店舗家賃や施設の固定費のほか、常駐する販売スタッフの人件費などが避けられないコストになります。

これに対してHUISは、オンラインストアでの直接販売を中心としています。また「実物を見たい」というお客さまのために、さまざまな地域の百貨店や取扱店で期間限定のイベント出展を行うことで補っています。全国に数店あるHUISショールームでは、HUISの取り組みに共感してくださっているパートナーショップさんからスペースをご提供いただき、販売も含めて協力していただいています。

こうしたさまざまな百貨店やショップの皆さまのご協力により、一般的な店舗の展開と比較して大きくコストを抑えられています。

3 消化率100%のブランド運営

現在のアパレル業界全体における「消化率」は50%以下といわれています。「消化率」とは、生産された製品全体のうち、実際に売れたものの割合を示すもの。シーズンオフのバーゲンやセールなどを含めて、最終的に売れたものにあたります。つまり、お客さまのもとには作った洋服のうち半分以下しか届かず、半分以上は売れ残ってしまっているのです。

売れ残った服の多くはシーズン終了後、焼却・廃棄処分されます。まさに大量生産・大量廃棄の時代にあり、この50%以下というのは衝撃的な数字だと思います。また半分以上は売れずに廃棄する、という前提で作られる服は、その廃棄分のコストも販売価格に反映されているということでもあります。

HUISでは、洋服を大切にしてくださるお客さまのおかげで、毎シーズン製作するすべての洋服を売り切る消化率100%の経営を続けています。その結果、一般的なブランド運営と比較して、安価な価格設定が可能になるのです。

4 クリエイティブツールの自主制作による広告費の削減

一般的なアパレルブランドは、カタログやパンフレットなどのクリエイティブツールをデザインの専門業者に外部委託をすることで、ブランドイメージの構築や情報発信を行っています。こうしたブランドの核となる部分を伝えるためのツールは数多く、広告宣伝費には大きな費用が必要となります。

一方、HUISではシーズンごとのカタログやパンフレット、DMの制作から、撮影や着用モデルなど、すべてを自ら手がけることで、費用負担を大きく削減することができます。

健やかなアパレルビジネス②

売り上げを目標にしない

　多くの企業や経営者は、個々の事業活動において、売り上げを伸ばすことを目標にしています。アパレル業界は特にそれが顕著な世界だと実感しています。でも、HUISはブランド設立当初から今も、売り上げを目標にしていません。それがさまざまな弊害を生み得ると考えているからです。アパレル業界は効率化を求めることで、安く大量の商品を生み出すことに特化してきました。売り場においても、効率的な販売のためには、安くて買い求めやすい商品はとても便利です。アパレル業界のもうひとつの特徴は、売り場から逆算して生産を考えるところにあります。売りやすい商品のために、徹底的にコストを下げる。そうやって効率的なものづくりの形を試行

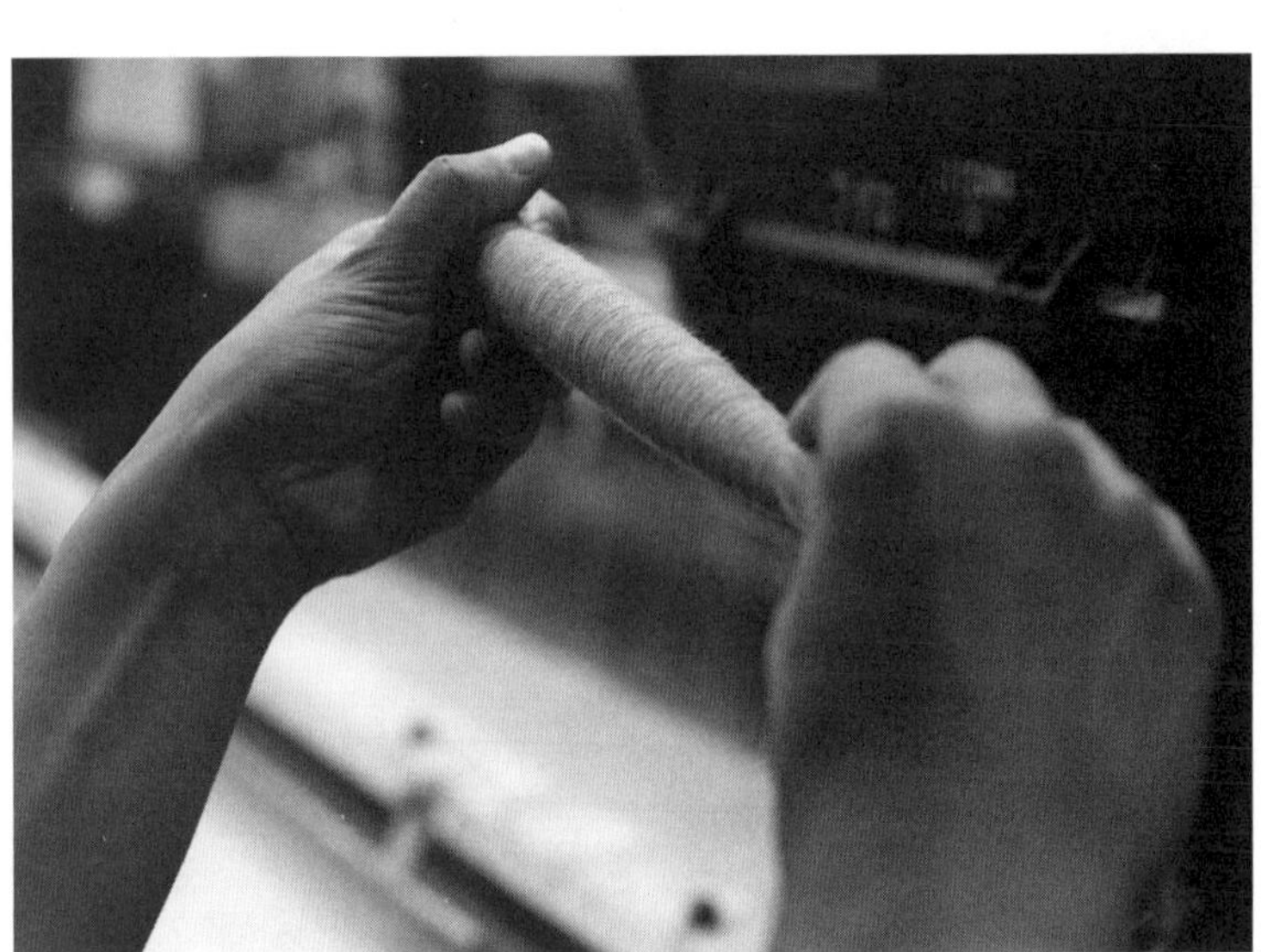

錯誤してきたのが繊維業界の歴史でもあります。

　こうした業界の流れの中で、機屋さんのように売り場から遠い川上の事業者ほど、厳しい値下げを要求されてきました。品質ではなく値段だけを見て買い叩かれる。そうすると必然的に、よいものを作り続けることはできなくなってしまいます。無理な要求によって事業の存続を諦めた会社や産地もあります。

　HUISは、機屋さんに対して値下げ交渉はしません。それは、生地の品質を維持するために最低限必要なコストであることがわかっているから。職人さんたちはプライドを持ってものづくりをしているし、プライドを持って値付けもしている。だから僕たちがすべ

きは、生産現場に対して値下げを要求することではありません。お客さまに対してなぜこうした価格になるのかを丁寧に伝えることだと思っています。技術と手間を注ぎ込んだ生地の品質を適切に評価されず、必死に働いても儲からない。そんな両親の姿を見ていた子どもたちが、将来、その仕事を継ぎたいと思うでしょうか。職人の高齢化や担い手の不足といった課題は、遠州産地に限らず、どこの産地においてももう何十年と課題になってきたことです。産地が大きく復興するような、起死回生の一手がこの先降ってくるわけではありません。

こうした中で、産地の未来を拓くために必要なことは何なのか？その答えのひとつは「素晴らしい技術を持った人たちが、素晴らしい技術を持っているということを

適切に評価されること」だと僕は思います。そんな基本的な第一歩からも、遠く離れてしまっているのが今の繊維産地の現状です。日本人が誇りに思えるはずの歴史と技術、それを今担う方々のことを、私たちひとりひとりが知ること。それは今の産地を支える方々の心を潤すとともに、その素晴らしい技術に憧れる次世代を生むことにもつながるでしょう。

株式会社HUISが法人化して1期目にあたる2021年度の売り上げは4.3億円、2期目の2022年度は5.1億円を計上しました。この売り上げによって産地の維持発展に寄与できる可能性も感じています。ただ売り上げを目標にすることは本末転倒になり得る。産地とお客さまが本当の意味で循環する、そのことに集中すれば、売り上げは自然に伸びていくと考えています。

健やかなアパレルビジネス③

HUISは店舗を持っておらず、オンラインでの販売が中心。それと同時に、対面でのイベントやショールームでの販売にも力を入れています。素敵な写真を撮って、わかりやすいホームページを作っても、やはり売り場でしか伝えられないことがあるからです。

HUISが行うイベントは、百貨店などで開催する1週間のポップアップと言われるものが中心です。一般的にアパレルブランドが期間限定のイベントを行った場合、初日や2日目はファンの方やリピーターさんが集まり、売り上げは自然と伸びます。ただ、どれだけ人気のブランドでも、会期後半はだんだんと売り上げが落ちていく。その反面、HUISは最終日まで売り上げが落ちることなく維持できることが特徴です。

売り場での対話を大切にする

その理由は、常に新しいお客さまに対して、接客コミュニケーションを通じて遠州織物の価値を伝えているからです。HUISのブースは、その日初めてHUISを知ったお客さまが、遠州織物の素晴らしさを理解し、実感してくださる場になります。通常、アパレルの販売現場で伝えられているのは「ここがかわいい」「こんな服と合わせやすい」など、デザインやコーディネートに関する情報がほとんど。でもHUISが伝えるのは、産地や織機の説明から始まり、この生地はどんな生地か、なぜこんなに気持ちがいいのか、これがどのように生まれるのかなど、あまり洋服の売り場では聞けないトピックスです。お客さまはそのたくさんの情報に触れて「こんな生地があったんだ」「今まで知らなかった奥深い世界に触れられた」と、これまでにない体験に喜びを感じてくださいます。

産地や生地の情報は、実はインターネット上にあふれています。例えば西陣織について検索すれば、細かな情報までどんどん出てくる。けれど、特段興味のない方にインターネットのみで西陣織の素晴らしさや価値を伝えられるかというと、なかなかむずかしいでしょう。遠州織物についてもしかり。産地や生地の素晴らしさは、自らの実体験を通じなければ伝わりにくいものだと僕たちは思っています。また、実体験する場で同時に必要なのは「わかりやすい言葉」と「想い」。このふたつを人から人へ届けることが、大きな鍵だと思っています。だから、売り場がとても大事で、足を止めて話を聞いてくださる方に「遠州織物ってこんなに素晴らしいんです」と自分の言葉で一心に伝えます。話を聞いて「やっぱりどうしても気になったから」「家に帰ってオンラインストアやインスタグラムを見ていたら欲しくなって」と再び来てくださるお客さまもたくさんいらっしゃいます。

販売は主にスタッフが担当しますが、現在も僕は定期的に売り場に立つようにしています。どんな言葉だと伝わりやすいかは、直接、お客さまの反応から気づくこともあります。自分にとっては当たり前の情報でも、お客さまにお話ししてみると驚かれて、新鮮に感じることもあります。そこで得た新たな気づきはスタッフに話したり、ブログやインスタグラムに投稿したりして、できるだけ広く伝えるようにしています。そうすることで、ひとりに伝わった感動をもっと多くの人たちに共有できる。それをさらに「HUIS. journal」という冊子に定期的にまとめて、無料配布しています。

もともと浜松市役所で働いていた頃、浜松の農業の素晴らしさに胸を打たれて自ら広報の仕事を始め、農家の方々などを取材して記事を書いていました。農業だけでなく水産業や林業にも関わっていましたが、それが繊維業に変わっただけで、今もやっていることは大きく変わらないと思っています。遠州織物については、機屋さんから聞いた興味深い話をもっとたくさんの人に知ってもらいたいという思いが源になっています。自分だけが感銘を受けて、「いいな」で終わってしまうのはもったいない。だから、時間と手間をかけて伝えます。

前職の経験が役立ったのか、売り場での接客ははじめから得意でした。僕が接客をすると、価値を理解してくれて、購入してファンになってくださる方も多かった。それは僕にしかできない時代もありましたが、今、全国各地のイベントで販売を担当しているスタッフはＨＵＩＳが好きで、産地や生地のことも理解して、お客さまに熱意を持って伝えてくれています。スタッフとは、雇用主と従業員という関係ではなく、あくまで対等だと思っています。販売スタッフは、産地の職人や僕たちが伝えきれないことを、売り場で代わりに伝えてくれる人たち。だから対等な関係を示すためにＨＵＩＳでは「パートナースタッフ」と呼んでいます。スタッフみんながそれぞれに産地に興味を持ち、想いを込めて伝えてくれれば、必ずお客さまに届くと思っています。

健やかな
アパレル
ビジネス
④

産地発ブランドの可能性

これまではあまり知られることがなかった繊維産地の価値ある情報を、ものづくりを通して、国内外に向けて発信するブランドを、僕たちは〝産地発ブランド〟と呼んでいます。現代では売り場でのコミュニケーションのほか、インターネットやSNSなど、既存の枠にとらわれないさまざまな発信ツールがあり、産地にとって大きな可能性です。

HUISのような〝産地発ブランド〟は、これまでのアパレル業界にはなかった概念です。お客さまの中でも、まだこうした活動に気づいている方は、全体からすればほんのわずかなはず。でも、この価値は徐々に広がっていて、ムーブメントは少しずつ大きくなってきていることを実感しています。

以前、売り場でお客さまに、「〝Made in Japan〟と記載されていても実際に日本製の生地が使われているものはほとんどないんですよ」というお話をしたところ、大変驚かれたことがありました。その方は、以前テレビ番組で、アパレル業界における海外での就労問題や、日本の繊維産地の現状などが紹介された特集番組を見たことをきっかけに、「こうした世界は変わらなければいけない、これからは日本で作られた生地の洋服を買おう」と心に決め、「Made in Japan」と記載された服だけを買うようにしていたそうです。

5章でも触れたとおり、アパレルにおいて「Made in Japan」という表記は最終縫製地だけを示しているものです。そのお客さまは、強い想いで「Made in Japan」の服を選んで買っておられたそうで、このことにとてもショックを受けられていたのが印象的でした。

アパレルの生産現場に目を向けてみると、現代のアパレルデザイナーの中で、編み工場や機織り現場を見たことがある、という人は多くはないようです。デザインする服に用いる生地は、大きな生地商社が用意したカタログから選ぶだけで手配することができます。そのカタログには、〝色やデザイン〟と〝価格〟だけが掲載されていて、どの国で作られた生地か、という情報は記載されていません。スーパーマーケットに並ぶ食品には、どの国で作られたものかという表示義務があります。国産と海外産の野菜の価格が大きく違ったとしても、消費者それぞれの価値基準で選べますが、生地カタログではその判断のための情報がないのです。見た目に大きな違いがなければ、誰もが安いものを選ぶでしょう。

服を「作る人」にすら産地の技術、生地の価値が共有されていないのであれば、商品を託された売り場の「伝える人」はもちろん産地の情報を知ることはできません。「作る人」にも「伝える人」にも知識がないとすれば、お客さまに伝わらないのは、ごく自然なことだと思います。

一方で〝産地発ブランド〟は産地で直接生地を仕入れるため、介する中間業者がいません。産地内で直接、技術や生地の情報を得て、その価値を消費者へ伝えることができるのです。これほど恵まれた環境はありません。そして、〝産地発ブランド〟の活動や売り上げは、産地に還元され、循環し、それぞれの産地の維持・発展に直結します。生地の価値を理解してくださるお客さまの想いと、購入していただいた売り上げは、日本のものづくりを支え、職人技術を次の世代に受け継ぐための糧になります。

これまでのアパレル業界において、こうした意義が目に見えるブランドは多くはなかったでしょう。〝産地発ブランド〟の本質的な価値だと思っています。

冒頭ご紹介したお客さまがお越しになったのは「繊維産地」をテーマにした、ある百貨店のイベントでした。ＨＵＩＳのほかにも、いくつもの〝産地発ブランド〟が集うこの催事は、２０２２年に開催された第２回の時点で同会場におけるアパレル催事の過去最高売り上げを記録し、そして第３回目となる２０２３年には前年の売り上げをさらに大幅に更新しています。この大きな実績に、アパレルと日本の繊維産地の未来における〝産地発ブランド〟の手応えを感じています。

ＷｅｂやＳＮＳが発展し、リアルな情報を知ることができるようになった今、〝産地発ブランド〟はこの先もっともっと増えてくるでしょう。日本ならではの高い技術で、品質のよいものづくりをしている産地を応援し、支えていくブランドが、各地域に現れることを大いに期待しています。そして、今後さまざまな場所で多種多様な〝産地発ブランド〟と交流し、切磋琢磨していける未来を楽しみにしています。

健やかなアパレルビジネス⑤

未来を拓く、社会とつながる

国内の繊維業界はさまざまな環境の変化に巻き込まれて、とても厳しい状況に置かれています。近年、アパレル、繊維企業の倒産や廃業が相次ぎ、アパレル業界を支えてきた国内の多くの生地産地はいずれも窮地に立たされています。

廃業すれば高い技術も素晴らしい生地も消えてなくなるしかありません。それでも事業閉鎖を決断する事業者が年々増えています。今から機織りを始めよう、染色工場を始めようという事業者が現れることも現実的には難しいのです。今、奮闘している方々の事業が健全に継続されることが、産地が生き残るために必要なことです。

そんな中、遠州産地の技術と伝統を伝え、残す機会を作ろうと、若手の繊維関係者で結成したのが「entrance」。イベント事業などを通じ、産地の若い担い手自らが遠州織物の魅力を広く発信することが、さまざまな意味で好循環につながると考えています。HUISのほか、地域のアパレルデザイナー、デザインディレクター、アパレル企業などが参画しています。

若い世代に遠州織物や繊維産地を知ってほしいという思いから、スポンサー活動も積極的に行なっています。東京・城南島を拠点に活動するスケーターの金森綸花さんにはHUISの服を着て、競技に出ていただいています。三菱地所と中川政七商店による共同プロジェクトである「アナザージャパン」は、学生による地域の特産品のセレクトショップ。各都道府県出身の学生たちが地域の特産品を自らセレクトし、店舗運営を手掛ける新しい取り組みです。そのほか多摩美術大学テキスタイル科のサークル活動のサポートも行っています。また遠州地方の「久留女木の棚田」で取り組んでいる綿花栽培プロジェクトは、異業種交流という意味合いもあり、綿花の種まきや収穫などは希望する子どもたちに体験してもらっています。

売り上げだけを意識するなら、買ってもらいやすい世代にだけ届ければいい。でも、これからも産地が残るため、日本人が日本のものづくりを誇りに思えるようになるために、「次世代に産地の魅力をどれだけ伝えていけるか」が大切だと思っています。HUISというアパレルブランドの活動にとどまらず、多様な方が遠州織物や繊維産地に触れられる機会を多く作る。そうしたことに僕たちは取り組んでいきたいと思っています。

2022年から「アナザージャパン」のスポンサーに。「アナザージャパン」は全国から東京に集まった学生が自らの地元をPRする特産品のセレクトショップ。

2023年2月に遠州産地×尾州産地の産地交流プログラムツアーを開催。それぞれの産地で繊維企業に関わる若い担い手たちで国内産地発ブランドの可能性などを話し合った。

夫とふたりでＨＵＩＳを立ち上げてから10年がたちました。学生の文化祭のように「楽しそう。まずはつくってみよう」とスタートしたあの頃と、変わらない気持ちで今も服づくりをしています。

もちろん、大変なこともたくさんありました。思い返してみると、一番のピンチだったのはコロナ禍で対面での販売がすべてストップしてしまったとき。苦しい中でも何かできることがないかとライブ配信を始めたら、びっくりするくらいたくさんのお客さまに観ていただき、オンラインでご注文くださったことは、いちばん嬉しかった出来事かもしれません。あのときスマホの画面越しに伝わってきた確かなあたたかさは、きっと一生忘れないでしょう。

ＨＵＩＳを立ち上げてからも、子どもたちとともに賑やかで幸せな毎日です。眠っているときでも泳ぎ続けるマグロのように、止まることができない夫は、頭の中がいつも新しいアイデアでいっぱいでなかなか寝つけないこともあるらしいのですが、楽天家でのび太君のように3秒で寝落ちする私。真逆ですが、でも、だからいいコンビなのかもしれませんね。迷ったときには一番の相談相手でいられたらと思います。

始めたときの気持ちのまま、服づくりをしていられるのは、いつも支えてくださっているたくさんのお客さま、いつも力を貸してくれるスタッフのみんなのおかげです。この場を借りて、心からの感謝を伝えたいです。いつもありがとうございます。

ＨＵＩＳのことがぎっしりと詰まった本書『ＨＵＩＳ．の服づくり』を作るにあたってご協力いただいた、編集担当の木村愛さん、編集者・ライターの増田綾子さん、フォトグラファーの砂原文さん、デザイナーの葉田いづみさんにも感謝申し上げます。

ＨＵＩＳのとびきり気持ちのよい服が、これからもたくさんの方に届きますように。

ＨＵＩＳデザイナー　松下あゆみ

HUISの商品は全国のショールームやオンラインストアから購入できます。

HUIS オンラインストア　1-huis.stores.jp

渋谷 SHOWROOM
東京都渋谷区渋谷2丁目24-12 渋谷スクランブルスクエア9F garage内

丸の内 SHOWROOM
東京都千代田区丸の内2丁目4-1 丸の内ビルティング4F garage内

横浜 SHOWROOM
神奈川県横浜市神奈川区金港町1-10 横浜ベイクォーター3F noni内

立川 SHOWROOM
東京都立川市緑町3-1 GREEN SPRINGS E2-208 Rust内

名古屋 SHOWROOM
愛知県名古屋市中村区平池町4-60-12 グローバルゲート3F garage内

豊橋 SHOWROOM
愛知県豊橋市曙町南松原17 garage内

福岡 SHOWROOM
福岡県福岡市西区姪浜3-11-5 COMBLE内

HUISのホームページやインスタグラムから、随時商品情報を発信しています。

・HUISのホームページ　1-huis.com　　・インスタグラム　@1_huis

この本に掲載された商品のお問い合わせはこちらへ　→　info@1-huis.com

※サイズ表記の単位はcmです。
長期間の品切れ、製造中止の商品も一部ございますことをご了承ください。

また、p.14〜15、p.56〜83掲載の、クレジット記載のないアイテムはすべて本人私物です。

HUISでの販売はしておりませんのでお問い合わせはお控えください。

(PROFILE)

松下昌樹 Masaki Matsushita

静岡県浜松市出身。大学卒業後、浜松市職員として主に農林水産業の振興に携わる。その後、高級アパレルで用いられる伝統生地「遠州織物」に出合い、その素晴らしさに惚れ込んだことから、2014年、妻のあゆみとともに、浜松を拠点にした産地発ブランド「HUIS」をスタート。代表兼ブランドディレクターとして企画運営をはじめ、情報発信、販売、イベント全般に携わる。

(STAFF)

構成・取材	増田綾子
撮　影	砂原 文 大野仁志(p.91) 有馬貴子(p.85上) 岡 利恵子(p.112左)
デザイン	葉田いづみ
ヘアメイク	KOMAKI(p.56〜63)
イラスト	重 志保(p.53、p.101)
校　閲	滄流社
編　集	木村 愛
編集アシスタント	北澤知佳子

撮影協力／砂原家、大森家の皆さま(p.2〜3)
Letterpress Letters Canteen
(p.74〜75)
www.letterspressletters.com
Piatti(p.76)
www.piatti.jp
Gallery TOM(p.77)
www.gallerytom.co.jp

HUIS.の服づくり

著　者　松下昌樹

編集人　伊藤亜希子
発行人　倉次辰男
発行所　株式会社主婦と生活社
〒104-8357　東京都中央区京橋3-5-7
編集部　☎03-3563-5191
販売部　☎03-3563-5121
生産部　☎03-3563-5125
https://www.shufu.co.jp

製販所　東京カラーフォト・プロセス株式会社
印刷所　大日本印刷株式会社
製本所　株式会社若林製本工場
ISBN978-4-391-16136-6

※この本に掲載された商品の情報は2024年3月現在のものです。

十分に気をつけながら造本していますが、万一乱丁、落丁、不良品がありましたら、お買い求めになった書店か小社生産部へご連絡ください。お取り替えいたします。